大英自然史博物館シリーズ 4

COLOUR AND VISION
Steve Parker

動物が見ている世界と進化

著=スティーヴ・パーカー
監修=蟻川謙太郎　訳=的場知之

目　次

はじめに ……… 5

第1章　光を感知する …………… 9

第2章　動物の眼 …………… 37

第3章　色をつくるしくみ …………… 75

第4章　知覚と騙し …………… 99

第5章　色とりどりの世界 …………… 119

Staff　ブックデザイン　セキネシンイチ制作室
DTP TKクリエイト（竹下隆雄）
印刷　シナノ印刷株式会社

Introduction

はじめに

ヒトの脳が処理する情報（事実、光景、言葉、できごと、顔、場所など）のうち、4分の3以上は眼から入ってくるとされる。動物界のなかでも、哺乳類の眼はすぐれた感覚器官の一例であり、とりわけヒトの眼は、霊長目としての進化の遺産を受け継いだおかげで、きわめて精巧な逸品だ。ヒト以外の霊長目、つまりわたしたちと近縁の類人猿やサルも、視覚偏重の生活を送っている。わたしたちは、文字通りヒトの視点で、世界を眺めているのだ。

光、視覚、色は、生命の世界を支配している。すべての動物種の90％以上が、像形成眼、または何らかの視覚処理能力をもつ。したがって、視覚には莫大な進化的利点があるはずだ。特定のタイプの眼にどんな利点があるかは、時間、空間、眼の持ち主に左右される。また、眼の利点は、行動や生存のための課題、すなわち餌や隠れ家の発見を、どれだけうまく解決に導くかという形で発揮される。数億年の時を経て、単純な眼点から途方もなく精巧な構造と機能をもつヒトの眼まで、視覚システムは複雑さを増してきた。それに伴い、視覚に基づく行動もますます複雑になった。

体のどの部位もそうであるように、眼は、自然淘汰を通じた進化のプロセスによって形成された。その証拠はいたるところにみられる。現生のさまざまな生物にみられる、眼の多種多様なデザイン。生物に内在する、眼をつくるための指示書、

左 飛翔性昆虫は視覚を頼りに行き先に到達し、食料や配偶相手を発見し、危険を回避する。このメクラアブの1種 *Chrysops quadratus* は、脳よりはるかに大きな眼をもっている。

すなわち遺伝子。それらの遺伝子が生み出す、眼を構成する各種のパーツ。岩石のなかに保存された、はるか昔に絶滅した動物たちの眼の化石。これらすべてが、多種多様な眼の進化を示している。もっとも複雑で精巧な眼も、単純で簡素な祖先から、一連の段階を経て進化してきた。そして、どの途中段階をとっても、眼の持ち主にとって有用なものだった。

　眼は、視覚という物語の一面にすぎない。光が眼の表面と内部に差し込まなければ、色、形、パターンを検出し、神経シグナルを脳に送ることはできない。脳の視覚野では、シグナルが解読され、解析され、組み立てられて、像が形成される。わたしたちが意識的に、すなわち「心の眼」で知覚するのは、この像だ。わたしたちは、ヒトの視知覚のしくみについてなら、自分自身の経験からわかる。だが、他の動物、とりわけヒトとまったく異なる眼と脳をもった動物は、わたしたちと同じように世界を見ているのだろうか？

上　インド洋にすむこのウミウシの一種*Goniobranchus geminus*は、まばゆいばかりの極彩色だ。この色は、捕食者に自分は毒をもっていると警告し、身を守るためのものだ。

光がもつ魅力的な特性のひとつが色だ。光のエネルギーは、振動する波の移動と考えることができる。太陽光が雨粒に差し込んで虹ができると、白色光に隠された色のスペクトラム（範囲）全体を目にすることができる。これらの色は波長の差によるもので、赤がもっとも長く、青や紫がもっとも短い。日光が雨粒を通過する際、波は屈折する。色によって屈折の角度がわずかに異なり、赤はもっとも屈折率が低く、青や紫がもっとも屈折率が高い。このおかげで色が現れる。屈折は、眼にとって、また自然にとって非常に重要なのだ。わたしたちは、色の意味や重要性をさまざまなかたちで認識している。海と空の深い青から、蝶や花の優美な色彩まで。だが、知るほどに疑問がわいてくる。ヒト以外の動物たちも、色に同じような意味を見出しているのだろうか？　もし見てくれる眼がなかったら、色は存在するといえるのだろうか？

　色には重要な意味があるはずだ。自然界は、緑の植物の葉でエネルギーを生成したり、防御や宣伝をしたりと、色をありとあらゆる形で利用している。背景に溶け込む地味な色の動物たちと、まばゆい極彩色のウミウシや蝶、サンゴ礁の魚、樹上性のカエル、フウチョウを比べてみればいい。色は何百万年も保たれることさえある。はるか昔に絶滅した種の色を推定することができる化石もあるのだ。

　ヒトの視覚システムは高度に洗練されている。わたしたちの調査、学習、理解の能力がここに加われば、自然界とわたしたち自身の体験に、色と視覚が果たしている、中核的な役割を理解することができるだろう。

Chapter 1　See the light

［第 1 章］
光を感知する

視覚の進化

　眼が初めて現れたのはいつだろうか？　この疑問について考える前に、「眼」の定義が必要だ。動物は多種多様な光受容器官をもつが、そのすべてを「眼」と呼べるわけではない。眼は、光源からの光を受容し、反応し、分析して、像を結ぶことができなくてはならない。すなわち、視界のなかの輪郭や形を認識し、特徴を抽出できなくてはならないのだ。これは時に「空間解像」、あるいは「空間特性決定」と呼ばれる。典型的な像形成眼は、1つまたは複数のレンズを使い、光をなんらかの構造（例えば網膜）に集め、その構造が光のエネルギーになんらかの形で反応（通常は神経シグナルを生成）する。像形成眼は、光があるかないかを判断するだけの初歩的なセンサーや、その次の段階である、光の明るさを比較し定量化する器官よりも、はるかに複雑だ。こうした単純で簡素なデザインにも、さまざまな名称と形態があり、眼点、光受容点、光受容パッチなどと呼ばれる。

　それで、眼が初めて現れたのはいつだろうか？　途方もなく長い有史以前の時代は、累代と呼ばれる非常に長い期間に分けられる。地質学者や古生物学者が使う区分だ。地質学とは、地球とその岩石が時間とともにどう変化してきたかを研究する学問のことであり、古生物学とは、化石などの証拠をもとに、過去の生物とその進化史を研究する学問のことだ。

　最初の累代は、地球が誕生した約45億4000万年前から40億年前までをさす、冥王代だ。この時代、知られているかぎり生命が存在した証拠はない。次は始生代で、40億年前から25億年前までをさす。化石から、最初の生命はこの時代、具体的には約35億年前に、水中で誕生したと考えられている。最初の生命は顕微鏡サイズの単細胞生物で、現生の細菌やシアノバクテリア（藍藻とも呼ばれる）に似ていた。これら

左　三葉虫（写真の種はエルドレゲオプス・ラナ*Eldredgeops rana*）は、動物の主要系統のなかで、最初に複雑で多数のパーツからなる眼を獲得したもののひとつだ。中央左上に小塔のような眼がひとつ確認できる。

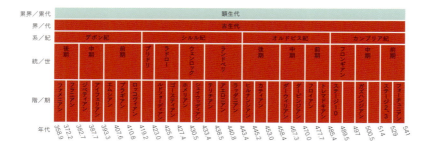
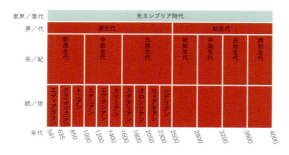

上 地球の先史時代は、一連の時代区分としてまとめることができ、それらはさらに下位区分に分かれている。累代、代、紀は年代をさし(地質年代区分)、累界、界、系はその時代に形成された岩石層や地層をさす(年代層序区分)。

に眼はなかったが、一部は光に反応し、光を捉えてエネルギーに変え、生命活動の原動力としていた。いわゆる光合成だ。

　続く原生代は、25億年前から5億4100万年前までをさす。この期間の終わりに近づくにつれ、生命はより大きく多様に進化し、とくに動物（定義上、すべて単細胞ではなく多細胞だ）にその傾向が顕著だった。単純な動物が存在した証拠とされる化石は、5億8000万年前までさかのぼる。だが、岩石のなかに残された残骸は断片的で、本当に動物のものだったとしても、軟らかい体の動物だったようだ。進化によって徐々により複雑な生物が登場し、それらはカイメン、刺胞動物（クラゲ、ヒドラ、サンゴなど）、有櫛動物（クシクラゲ）などのグループに似ていたか、実際にそれらの祖先だったと考えられる。こうしたグループの現生種を調べることで、最初の眼の形態についてヒントが得られる。

　もっとも新しい累代は顕生代であり、5億4100万年前から現在までをさす。化石はより広範囲から、より多く見つかり、現在わたしたちにおなじみの生物の大部分はこの時代に起源をもつ。眼は早い段階で誕生し、進化を続けた。しかし、累代は、時代区分としてあまりに長い。より扱いやすく、正確に議論するため、累代は代に分けられ、代は紀に分けられる。例えば原生代は、古原生代、中原生代、新原生代からなる。眼と視覚ともっとも関わりが深いのは最後の新原生代で、10億年前から5億4100万年前までをさす。この代はさらに、トニア紀、クライオジェニア紀、エディアカラ紀の3つの紀に分けられる。

全球凍結：生命の一時停止

　クライオジェニア紀（7億2000万年前から6億3500万年前）は、時に全球凍結（スノーボールアース）と呼ばれる。この時代、地球全体とまではいかなくとも、その大部分が極端な寒冷化に見舞われた。生命は苦境に立たされたことだろう。確実にこの時代のものとわかる化石はほとんど見つかっていない。しかし、岩石中に残留する化学物質、いわゆるバイオマーカーに着目したり、生物がもつたんぱく質などの分子がどのくらい速く進化したかを推定する「分子時計」と呼ばれる年代測定手法を使った研究により、クライオジェニア紀に動物のいくつかの系統が出現したことが示唆されている。そのひとつがカイメン（海綿動物門）だ。非常に単純な生物であるカイメンは、今でも海と淡水で繁栄している。カイメンには心臓も、筋肉も、消化管も、神経も、それに眼もない。だが、カイメンは、自由生活する単細胞生物から、複数の細胞が集まって1個体をなし、それぞれの部位が共通利益のために異なる機能を果たす多細胞生物への進化の、重要な中間段階にある。

動物の起源

クライオジェニア紀の全球凍結に続く時代がエディアカラ紀(6億3500万年前から5億4100万年前)だ。この時代、地球の気温は徐々に上昇し、氷河は後退した。動物が繁栄しはじめたが、この段階では軟らかい体をもつものばかりだったため、化石はほとんど残っていない。この地質時代の名前は南オーストラリア州のエディアカラ丘陵にちなんでいる。1946年、初めてこの時代の動物化石が発見され、1948年に記載論文が発表された。以降、同時代の類似の化石や化石生物群は世界各地で発見されている。カナダ・ニューファンドランド島のアヴァロン半島にあるミステイクン・ポイントや、アフリカのナミビア、ロシアの北海沿岸などだ。これまでに発見されたこの時代の生物は、まとめて「エディアカラ生物群」と呼ばれる。化石のなかには、現生および絶滅した分類群との類縁関係がはっきりせず、解釈が難しいものもある。また、刺胞動物(クラゲ、サンゴ、イソギンチャクなど)や有櫛動物(クシクラゲとも呼ばれる海棲無脊椎動物の一群)の祖先である可能性が示唆されるものもある。

上 ニューファンドランド島のミステイクン・ポイントで発見された、5億6500万年前のエディアカラ紀の化石。
左:チャルニオディスクス・プロケルス *Charniodiscus procerus*、右:フラクトフスス・ミスライ *Fractofusus misrai*。この化石産地は現在、カナダ政府が定める生態保護区に指定され、UNESCO世界遺産にも登録されている。

上 エディアカラ紀の生痕化石と現代の分類群との関連は不明だ。このような巣穴のなかには、現代の蠕虫や無脊椎動物がつくるものに似たものもあるが、眼をもっていた証拠はまだ見つかっていない。

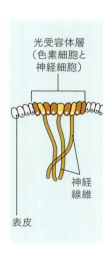

エディアカラ紀の動物が像形成眼をもっていた可能性は低い。だが、光受容体、すなわち光に反応してなんらかの反応を引き起こす物質や分子を含む細胞は備えていたかもしれない。光受容体をもつ生物は、明暗を区別することができる。例えばこれを陰影検出器として使えば、受容体の上にできる他の生物の陰を検出することで、周囲の動きを知覚できるだろう。また、他の生物、例えばシアノバクテリアの微生物マットを食べる動物を考えてみよう。シアノバクテリアは光合成によってエネルギーを生成するため、単純な眼点を利用して明るい場所にたどり着くことができれば、豊富な餌が手に入るはずだ。だが、こうした器官は、風景の像を結び、物体

上 単純な眼点は、明暗の度合いを感知することはできても、光源の定位や像形成はできない。

を識別し、捕食者や獲物を発見するには不十分だっただろう。というよりも、エディアカラ紀の海には活発な捕食者はいなかったのかもしれない。当時の生物のほとんどは動き回ることができず、生命は緩慢で盲目だった。動作といえるものは、海底の微生物をほじくるために時たま姿勢を変えたり、巣穴の中で身をよじる程度だった。だが、後述のとおり、続くカンブリア紀には、狙いを定め、突撃する動物が現れる。

単純な眼、複雑な眼

エディアカラ紀の海や淡水域で進化した太古の生物の光検出器官については、基礎的で簡素な光受容体をもつ現生の生物の研究にもとづいて考察することができる。ミズクラゲ *Aurelia* に代表される刺胞動物には、ロパリウムと呼ばれる小さな感覚器官があり、そこから伸びる神経の束は体全体に張りめぐらされた網状の神経系につながる。刺胞動物には、脳や中枢神経の「ハブ」は存在しないのだ。ロパリウムはクラゲの本体である傘の縁の切れ込んだ部分にある。ロパリウムのひとつひとつに色素（有色）

上　ハコクラゲの一種ミツデリッポウクラゲ *Tripedalia*。ロパリウムと呼ばれる光受容器官が2つ、傘（クラゲ本体）の縁の付近にみられる。

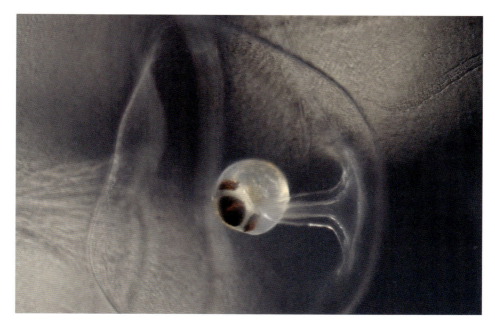

上 刺されると命に関わるイルカンジクラゲ*Carkia barnesi*は爪の先ほどしかない。この拡大写真では、カメラ型の眼（暗色の丸い部分）と、その上下にある2つの杯型の色素胞眼点（褐色の三日月型の部分）が確認できる。

細胞のパッチと重力を感知する器官があり、前者を色素胞眼点、後者を平衡石と呼ぶ。これらの器官を利用して、クラゲは明暗と上下を知覚する。

　同じ刺胞動物のなかの箱虫綱に属するのがハコクラゲで、おおまかに箱型または角ばった釣鐘型をしていることからこう呼ばれている。なかには猛毒で知られる種もいて、人が刺されると障害を負ったり、死に至ることすらある。ハコクラゲもロパリウムをもち、眼点で光を、平衡石で重力を感知する。だが、種によっては、ロパリウムのなかの2つの光検出器が発達したカメラのようなデザインを備えていて、ヒトの眼と似た構造をしている（第2章参照）。この眼を構成するのは、表面を覆う透明な細胞の層（角膜）、光線の焦点を調節する透明な材質でできた丸いレンズ、入り込む光量を制御するための調節可能な穴（瞳孔）のあいた膜（虹彩）、感光性の（光に反応する）細胞でできた光受容層（網膜）、網膜から受け取ったシグナルを処理するための神経線維の塊、さらに体全体の神経系に接続する神経線維だ。2つの眼のうち、下部にある大きい眼は主に下方を、上部にある小さい眼は主に上方を見るのに使われる。ハコクラゲ

は、単純な眼と複雑な眼を合わせて20個以上になるこの視覚器官を使って、周囲の光量変化や動きに敏感に反応する。クラゲのなかではもっとも敏捷な部類で、傘を拍動させることで最高で秒速2メートルで泳ぎ、小魚やエビなどの獲物を活発に追い回す。獲物を発見し、追跡できるのは、おそらく視力のおかげだろう。

　刺胞動物門というひとつの分類群のなかのこれらの例から、眼と視覚についていくつかの特徴を挙げることができる。第一に、複雑さの程度が異なるいくつもの種類の眼が、同じ分類群や、時には1個体の動物のなかに共存すること。第二に、視覚、行動、生活様式が相互に関連することだ。眼のデザインの複雑化と高度化には、視覚による行動が伴う。その代表例が、獲物の追跡と捕食者の回避だ。このことは、受動的に

暗闇のなかの眼

高度に発達した眼は、洞窟や泥の中といった、完全な暗闇ではほとんど役に立たない。そのため、こういった環境に住む動物は、通常は複雑な眼をもつ系統の一員であっても、長い時間をかけた進化を通じて、徐々に眼が退化し、場合によっては消失する。時には、眼の消失に至るまでのいくつもの段階を、暗闇に住む複数の近縁種という形で目の当たりにすることもできる。例えば、洞窟に住むコオロギ科のコオロギには、一般的なコオロギより少し小さいだけの眼をもつ種もいれば、もっと退化した眼をもつもの、少数の光受容器官だけをもつもの、さらには完全に視覚を失ったものもいる。同じような眼の退化は、甲虫などさまざまな昆虫、ザリガニなどの甲殻類、ヒラムシ、魚、両生類など、さまざまな洞窟性の動物で起きた。真っ暗闇の生息環境として、もうひとつ忘れてはならないのが深海だ。ここでも多くの魚、甲殻類、環形動物の視覚が退化したり、消失したりしている。

左　洞窟に住む有尾類（イモリやサンショウウオの仲間）、ホライモリ*Proteus anguinus*の眼は退化して、皮膚の下に隠れているが、明暗の区別はできる。

漂流するだけのミズクラゲなどのクラゲと、ハコクラゲを比べれば一目瞭然だ。

進化のプロセス

　英国の博物学者チャールズ・ダーウィンは、画期的な著作『種の起源』(1859年)で自然淘汰による進化の理論を打ち立てたが、眼の進化はとりわけ難題だと認めていたようで、以下のように述べている。「異なる距離に焦点を合わせ、さまざまな光量に対応し、球面収差や色収差も補整するための巧妙な仕掛けを備えた眼が自然淘汰によって形成されたという想定は、率直に言ってしまうと、この上なく非常識なことに思える」

　だが、彼はそのすぐ後に次のように考察している。「しかし仮に、完璧で複雑な眼からきわめて不完全で単純な眼まで数え切れないほどの細かい段階が存在し、どの段階でもその所有者にとっては有用な器官であることが証明できるとすればどうだろう(中略)そうだとしたら、完璧で複雑な眼が自然淘汰の作用によって形成されると信じることは、想像しがたい点はあるにしても、それほど非現実的なこととは思えない。これは理性的な判断なのだ」

　進化は、自然淘汰のメカニズムによって起こるランダムなプロセスだ。生物自身が変化しようと意識的に決断するわけではない。個体群のなかの個々の生物に、遺伝子の変化による変異が生じる(遺伝子は、生物がどのように発達し、その生命プロセスがどのように機能するかが、デオキシリボ核酸すなわちDNAの形で書かれた説明書だ)。いかなる変異であれ、ある時と場所において有利なもの、つまり生存と繁殖に役立つものは残っていく。変異は遺伝的、すなわち継承されるものなので、子孫に受け継がれる。これが、絶え間なくリアルタイムで進行する適応のプロセスだ。時には子孫にさらに新たな変異が生じ、その変異が環境によりよく適応していたり、さらなる優位をもたらすならば、またしても自然淘汰によって選ばれる。これがずっと続いていくのだ。

　だが、環境条件は変わる。温暖化や寒冷化といった気候変動。新たな食料、競争相手、捕食者の進化。病気の流行と終息。これ以外にも多くの変動要因が、適応と生存に影響を与える。ある時と場所では有利だった形質(特徴)は、ほかの場所や将来にはもはや役立たずになるかもしれない。こうした原理は、歯、爪、四肢、筋力、消化能力、さまざまな行動といった特徴にあてはまる。もちろん、眼も例外ではない。

眼の進化の4段階

　ハコクラゲがもつ、簡素な視覚器官（色素胞眼点）と複雑なカメラ型の眼のつながりを研究することで、後者が前者からどんな段階を経て進化したかが推定できる。どの段階においても、それぞれの視覚器官は用途にかなっていて、自然淘汰によって選択されたのであり、決して中途半端なできそこないではなかった。

　最初の簡素な眼点は、平面の層の上にある光受容体の点やパッチだ。光受容体は色素物質をもつ細胞であり、光を吸収し、光のエネルギーに反応し、神経シグナルという形で反応を生み出す。このパッチは表面の層、すなわち表皮の上にある。どの方向からの光でも生じる神経活動は同じで、周囲の光量をモニターできるが、光源の定位はできない。このように、状況把握能力は限られているが、それでも役立つ状況はたくさんある。水中では、光量の減少は水深の指標とみなすことができ、水面からどんどん沈んでいる状況を示す。また地中では、光量の増加は地表への接近、すなわち危険を意味するかもしれない。また、周囲の光量が突然低下するのは、捕食者の接近の証拠である可能性がある。

　第2に、眼点がくぼみ、カップ、穴を形成する。陥入と呼ばれるプロセスで、これにより方向についての情報が得られるようになる。例えば、浅い角度で差し込む光は、光

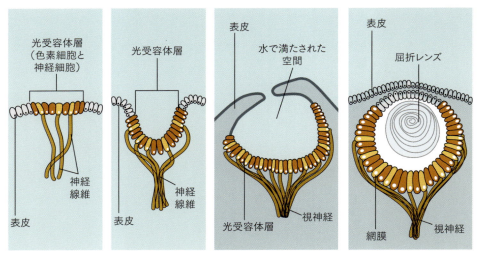

上　ここに示した単純な眼点から完全な像形成眼までの光受容器官の複雑性の4段階を、軟体動物ではすべてみることができる。

源と反対側およびカップの上端付近の光受容体だけを照らすが、真上からの光はほとんどの光受容体に届く。通過する物体の陰についても、同じように方向に関する情報が得られる。同じ原理は、ドーム状の、膨張した、小丘状の、突出した眼にもあてはまる。こちらは膨出と呼ばれるプロセスによって生じる。どちらのデザインも多くの仕事をこなすことができ、物体を回避したり物体に接近したりする基礎的なナビゲーションや、粗く解像度は低いものの、大きさと形からの物体の特定に役立つ。

　第3に、穴やカップの口が小さく狭くなる。これにより、方向についての情報にさらにディテールが加わる。ある方向からの光は少数の光受容体だけを刺激し、別の方向からの場合はまた別の光受容体が刺激される。また、対象が明瞭かつ詳細に見えるようになり、空間解像度が増す。前の段階では大部分の光受容体が大部分の光線に反応していたのが、風景のなかのごく一部からの光が光受容体の層のなかの狭い一部分にだけ達するようになるためだ。これにより、生物は大きさや形を詳しく知覚したり、天敵かもしれない影の場所を特定して、逆方向に逃げたりできるようになる。

　第4段階では、カップに焦点を調節するレンズが加えられる。レンズはさまざまな角度からの光線を、さまざまな角度と強さで曲げたり回折させたりすることで、空間解像度をさらに上げる役割を担う。こうして詳細で高解像度な視覚が完成する。たくさんの動物たちが、採食、繁殖、競争、捕食者回避、過酷な環境の回避といった生きていくうえでの試練を乗りきるため、このような高度な視覚を活用している。

生きた実例

　前述の眼の進化の4段階は、ある段階から次の段階への進化を、理にかなった説得力のある順序で説明している。このような進化は、動物界において何度か独立に起きた。だが、常に複雑性を増す方向に進んだわけではない。また、それぞれの段階には「なぜ」という疑問がつきまとう。なぜ眼の進化のその段階が、当時の状況下でその動物にとって最適だったのか。また、その眼はどのように視覚に導かれた行動を生じさせ、それが自然淘汰を通じて選択されたのか。眼の性能の高度化にともない、眼から入ってくる視覚の情報量は劇的に増加し、行動を補助し、駆動するためには情報の処理と統合が必要になる。それはつまり、より多くの神経接続、より高度な脳が必要になるということだ。

　視覚の4段階の実例は、いくつかの主要な動物の系統群にみることができる（第2章参照）。なかでも軟体動物門には、ひとつの分類群のなかに多種多様な実例が存在する。海岸の岩場で藻類を食べるカサガイは、軟体動物門の下位分類群のひとつ、

上 ダイオウテンガイ*Megathura crenulat*の下面。口と2本の触角に加えて、触角の基部に暗色の眼点が確認できる。

腕足綱(ナメクジや巻貝の仲間)に属する。円錐形の殻の下には、2本の短い触角を備えた頭があり、触角の基部に黒い眼点がある。少数の色素細胞と神経線維からなり、光量を検知し、ある程度の指向性をもつが、それ以上のことはほとんどできない。

　もう少し複雑な段階にあるのがオウムガイだ。捕食性の海生軟体動物で、タコやイカと同じ頭足綱の一員だ。オウムガイの眼は、深く丸いカップ状の小部屋に海水が満たされていて、瞳孔と呼ばれる小さな隙間がある。そのしくみは、ヒトが発明したピンホールカメラに似ている。このような小さな瞳孔では入ってくる光量も少ないが、ともあれ入射光は網膜の上に像を投影する。網膜とはすなわち、小部屋の内側に敷き詰められた光受容体の層のことだ。

　オウムガイに近縁のタコは、ヒトを含む脊椎動物に非常によく似た眼をもっているが、両者は独立に進化した。眼のデザインはカメラ型で、透明な窓のような角膜、焦点を調節するレンズ、詳細な像を結ぶ網膜が揃っている。各構成要素の構造と機能に注目すれば、レンズのしくみや網膜の層構造など、脊椎動物の眼との違いもあるが、両者の全体的な構造はそっくりだ。このような現象は収斂進化と呼ばれる。タコよりはるかに大きな頭足類、ダイオウイカやダイオウホウズキイカの眼は動物界で最大級で、直径30センチメートルを超える。

　複数のデザインの眼は、軟体動物門の下位分類群のひとつ、多板綱(ヒザラガイ類)

第1章 光を感知する　23

左　ヒロベソオウムガイ*Allonautilus scrobiculatus*の眼はピンホールカメラのような構造をしている。小さなスリットにレンズはなく、単なる孔から背後にあるボウル型の小部屋に光を取り入れる。孔からは海水も入り込む。

下　タコ（ここではマダコ*Octopus vulgaris*）の眼は無脊椎動物の眼としてはもっとも高度なもののひとつで、その複雑さはヒトの眼に匹敵する。

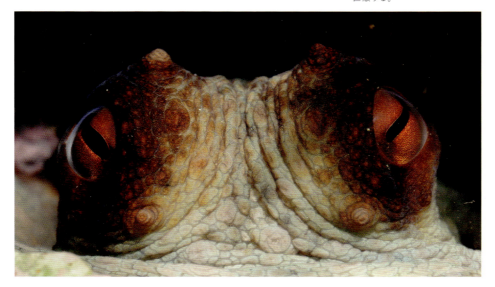

にもみられる。ヒザラガイは、カサガイと同じように海岸の岩場にすむ付着生物だ。背面の殻板には、枝状器官と呼ばれる小さな感覚器が埋まっている。枝状器官に色素のない光受容体を備えた種も、一部の枝状器官に色素の覆いのかかった細胞塊（眼点）がある種も、小さなレンズ眼をもつ種もいる。ヒザラガイは、視覚センサーからの情報に基づき、さまざまな行動を調整する。岩にしっかりと張りつくのか、隠れ家を探すのか、というように。もしかしたら、殻全体に散らばり、時に数千個にも達する多数の単純な枝状器官は、多くの部分からなるひとつの大きな眼、すなわち複眼として機能しているのかもしれない。

上　ウニヒザラガイの一種 *Acanthopleura granulata* の殻の拡大画像。2種類の感覚器官が確認できる。暗色で中心が光っているのがレンズ眼、淡色で中心が黒いのが枝状器官だ。

進化の爆発

　すべての現生の動物のなかで、もっとも眼のデザインの多様性が高いのが軟体動物だ。軟体動物門の起源はエディアカラ紀にさかのぼるとも言われる。だが、史上最大の進化の爆発が起きたのは、その次のカンブリア紀（5億4100万年前〜4億8500万年前）であり、しばしば「カンブリア爆発」と称される。当時の進化的変化がどれほど急激で、どれだけ大々的なものだったかを解明するのは容易ではない。化石の数が大幅に増え、しかも目立つものが多くなるのは事実だが、それは新たに登場した外殻などの硬いパーツが、軟組織よりもはるかに保存されやすいためだ。カンブリア紀は新たな地質時代、古生代の幕開けであり、古生代は以後およそ3億年にわたって続いた。

　化石証拠からみると、エディアカラ紀の終わりには動物門はごくわずかしか存在しなかった（ただし分子研究からは、現在化石がみつかっている以上に多かったと予測されている）。だが、その後2500万年もしないうちに（進化の時間スケールからみれば一瞬だ）、動物門の数は30以上、定義によっては40近くにまで増加した。これは現生の動物門の数とほとんど変わらない。ボディプランの劇的な増加には、像形成眼の進化が関わっている可能性が高い。眼の進化が、「視覚の軍拡競争」の火蓋を切ったのだ。ある系統の捕食者が狩りのためにすぐれた視覚を発達させれば、自然淘汰によって逃走に役立つ視覚を備えた被食者が選択される。それ以外にも、視覚は繁殖のための配偶者探しや、他個体とのコミュニケーションにも役立つ。

　最近、眼の進化の複数の段階と、それに寄与する要因を考慮し、カンブリア爆発で起きたと考えられる、単純な光受容体から複雑な像形成眼までの進化にどれだけ時間がかかるかを推定する研究がおこなわれた。結果は驚くべきものだった。長めに見積もっても50万年、現実的な推定ではわずか35万年だというのだ。どうしてそんなに速く進化しうるのか？　そのプロセスを理解するには、眼をつくりだす要素を考慮しなくてはならない。ひとつは解剖学的特徴、つまり大きさ、形、デザイン、構成要素であり、これまでも見てきたが、第2章で詳細に述べる。もうひとつは、眼を物理的につくりだす実際の素材であり、つまり光受容体にある感光性分子や、レンズの透明なタンパク質といった、多種多様な物質のことだ。そして忘れてはいけないのが、動物の初期発達段階で眼をつくる設計図、すなわち遺伝子だ。

眼の発達を制御する遺伝子

　PAXファミリー遺伝子は動物界に広くみられる。きわめて多様な分類群に共通することから、生命進化の初期に生じ、分類群が分かれても受け継がれたと考えられる。PAXとはペアードボックスの略で、この言葉はたんぱく質のDNAへの結合のしかたを指している。PAX遺伝子の一部は体を構成する物質をつくるための情報をコードしている。筋肉、骨、皮膚、神経、眼、鼻などのパーツをつくる、膨大な種数のたんぱく質の情報などだ。一方、PAX遺伝子がコードするたんぱく質のなかには、コントローラーとして、他の遺伝子を制御するものもある。このようなたんぱく質は転写因子と呼ばれる。転写因子はDNAの特定領域に結合して、その遺伝子のはたらきを促進したり、抑制したり、完全に停止させたりする。このため、PAX遺伝子は「遺伝子のスイッチ」あるいは「マスター遺伝子」とみなすことができる。

　PAX遺伝子ファミリーがとくに活発にはたらくのは、動物が卵から胚へと発達中の段階であり、主要な体のパーツや臓器はこの時期に形成される。PAX遺伝子が眼をもつさまざまな系統の動物に共通することから、眼の形成には共通の遺伝的メカニズムがあると考えられる。さらに、PAX遺伝子の他の機能を考慮すれば、PAX遺伝子ファミリーは眼の誕生より前から、体のパーツを組み立てるための制御装置として存在したと考えられる。つまり、PAX遺伝子による制御体系は、視覚をつくるのに利用される前から、完成され、体の他の器官の形成に関わっていたのだ。指示をわずかに改変するだけで、PAX遺伝子は最初期の眼をつくるようになった。その後、PAX遺伝子そのものも進化し、今あるさまざまな眼をつくるようになった。PAX遺伝子が眼の形成に関わっていることを示すさらなる証拠として、PAX遺伝子に機能不全を起こす変異が

PAXファミリー

　PAX遺伝子は初期発達に多大な影響を及ぼす。ヒトでは、眼の形成は体がまだ全長5ミリメートル以下の胚にすぎない段階で始まる。眼、腎臓、甲状腺など、さまざまな体のパーツの形成にかかわるPAX遺伝子が9種類ほど発見されている。哺乳類では、PAX2が眼、耳、脳、脊髄、腎臓、生殖器の発達に関わるたんぱく質の生産を制御している。PAX6も影響力がきわめて大きい遺伝子であり、これが活性化させる多くの遺伝子のなかには、眼を構成する多くのパーツや、鼻、脳、脊髄、膵臓の発達に関わる遺伝子が含まれる。眼ができあがった後、PAX6はその維持に関わる遺伝子の制御を続ける。

生じると、さまざまな眼の形成異常が起きることがあげられる。

　眼のない動物にも眼を形成する遺伝的能力が備わっていることがわかり、はるか昔のカンブリア紀に最初の眼のある動物が盲目の祖先からどのように進化したのか、その進化がなぜこれほど急速に起きたのかという謎の一端が明らかになった。眼を構成するツールキットのうち、遺伝子の部分はすでに準備万端の状態だったのだ。

構成部品

　遺伝子は体のパーツをつくる構成部品である物質（そのほとんどはたんぱく質）を生成するための説明書だ。また、先述のように、ほかの遺伝子の活動を制御する場合もある。体のパーツをつくりだすのには、数百から数千種類ものたんぱく質が関わっている。タコや魚や哺乳類の複雑な眼も例外ではない。眼は、全身に存在する汎用の組織（筋肉、神経線維、血管など）と、眼だけにある特殊な組織（角膜、レンズ、網膜の視細胞など）の複合体だ。

　網膜の視細胞と、それによく似た光受容細胞は、とりわけ特殊化している。これらの細胞にはオプシンというたんぱく質があり、発色団と呼ばれる原子団と結びついて視物質をつくる。光のエネルギーが視物質に到達すると、発色団の形態が変化する。これが、視覚の光伝達カスケードと呼ばれるプロセスの第1段階だ。オプシンと発色団の配置が変化することで、電気化学エネルギーの発生が促され、それが最終的に神経シグナルを生み出す。シグナルが神経線維に沿って伝導され、神経ネットワーク、あるいは脳のなかでのなんらかの分析や解釈を促す。各種の視物質がもっともよく反応する光の波長は、オプシンたんぱく質を構成するアミノ酸の種類によって決まっている。多くの動物は、異なる波長に「チューニング」された複数の視物質をもつ。

　動物界にはたくさんの種類のオプシンがあるが、主要な発色団はひとつしかない。レチナール、またはレチナールデヒドと呼ばれる、ビタミンAの一種だ。脊椎動物では、網膜の桿体細胞のなかでオプシンとレチナールが結合し、ロドプシン（視紅）とよばれる視物質を形成している。ロドプシンは非常に光に敏感で、薄明下での視覚に大きな役割を果たす。これについては第2章で詳述する。

　オプシンや発色団を化石から回収することはできない。だが、化石の微細構造を分析し、現生種と比較することはできる。これらの分子の進化的変化の推定頻度を当てはめることで、起源をさかのぼることもできる。PAX遺伝子と同様、オプシンは眼の獲得以前から動物に存在していたようだ。オプシンはおそらく、味覚や嗅覚など他の感覚に関連する分子として早い段階で生まれ、その後視覚に転用されたのだろう。

眼の普及

　カンブリア爆発の期間、化石記録に初めて登場した現生の海生動物の親戚たちの多くが像形成眼をもっていた。そのなかで、とりわけ恐ろしげだったのがアノマロカリス Anomalocaris だ。1メートル以上の標本も見つかっている、当時最大の動物だ。甲殻類、昆虫、クモなどからなる節足動物門に近縁だが、通常は独立の下位分類群である恐蟹綱（Dinocaridida、「恐ろしいエビ」の意）に分類される。恐蟹綱は現在はすべて絶滅している。

　オーストラリアのエミュー湾では、驚異的な保存状態のアノマロカリスの化石が発見され、研究がおこなわれてきた。2つの柄のついた眼は幅2〜3センチメートルで、それぞれ1万5000個以上のレンズから構成されている。多数のレンズからなる、複眼と呼ばれるこのデザインは、針刺しのように、たくさんの個別のユニット（個眼）が隣接して配置され、個眼の表面が全体でドームを形成している。複眼は今も主流のデザインであり、昆虫など現代の節足動物も採用している（第2章参照）。エミュー湾の化石は5億1500万年前のもので、このような驚くべき眼が急速に進化したことを示している。アノマロカリスは捕食者で、獲物を発見し追跡するのに眼を使っていたと考えられる。つまり、世界は大々的かつ急速に、視覚中心になったといえる。軍拡競争が幕を開け、アノマロカリスの頭にある棘だらけの付属肢のような武器だけでなく、視覚を通じて感覚を受けとる体内の器官も発達した。

　アノマロカリスよりもずっと小さく、あまり獰猛そうには見えない、カンブリア紀の甲殻類ワプティア Waptia は、全長8センチメートルでエビに似た姿をしていた。ワプティアの化石は、カナダ・ブリティッシュコロンビア州のロッキー山脈にある世界的に有名な化石産出層、バージェス頁岩で見つかった。5億1000万年前〜5億500万年前のワプティアの化石の眼は小さいが、その構造はやはり多数の個眼からなる複眼だ。これよりもさらに古い約5億2000万年前の生物の化石が、中国南西部の雲南省澄江県で見つかっている。そのひとつ、シンダレラ Cindarella と名づけられた謎めいた生物は、有名な三葉虫に近縁ではないかと考えられており、約2000個の個眼からなる眼をもっていた。

　カンブリア紀の化石産地バージェスと澄江で発見された生物のなかで、とりわけ奇抜なものといえば、全長3センチメートルのハルキゲニア Hallucigenia だ。長く柔軟なミミズのような体、棘、先端に鉤爪のついた触手のような飾りをもち、体の一方の端は球状に膨らんでいた。1970年代の復元では、棘が硬直した脚のような付属器官として下面に描かれ、背面に触手がたなびき、球状の部分が頭とされた。他のどんな生物と

第 1 章 光を感知する　　29

上　最近発見された、カンブリア紀の頂点捕食者アノマロカリス・ブリッグシィ
*Anomalocaris briggsi*は、大きく複雑な複眼をもっていた。

上　カナダのバージェス頁岩から発見されたワプティア*Waptia*の眼と体全体
の形態的特徴は、現代のエビに非常によく似ている。

上　ハルキゲニア*Hallucigenia*は背中の棘と触角のような柔軟な脚、それに頭の先端（写真右側）に単純な眼を備えていた。

も似ても似つかないこの姿から、「幻覚（hallucination）」を意味するハルキゲニアと名付けられた。1990年代に再検討がおこなわれた結果、復元はひっくり返り、棘は背面に列をなして並び、「触手」は柔軟な脚となった。だが、どちらが頭かは謎のままだった。近年、バージェス頁岩の新たな標本を詳細に検討した結果、一方の端にある球状の部分は頭ではなく尻尾で、分解された消化液あるいは排泄物が詰まったものと判明した。反対側の細くスプーン型の先端が頭で、針のような歯が並ぶリング状の口と、さらに内側の喉にも歯を備え、2つの単純な眼があったこともわかった。この眼は明暗は区別できても、明瞭な像を結ぶことはなかったようだ。カンブリア紀のミミズのような生物にも、多少なりとも視覚があったのだ。ハルキゲニアの分類は大いに議論されてきたが、現在は現生のカギムシ（有爪動物門）に近縁とされている。

すべてを見通す三葉虫

　5億年前までには、眼はあまねく存在するようになった。そのことを示す化石として、もっとも広範かつ保存状態がいいのが、節足動物の一大勢力である三葉虫だ。これまでに2万1000種以上が知られ、2億5000万年以上にわたって生きつづけたが、現在はすべて絶滅している。三葉虫は、複雑な像形成眼を発達させた最初の動物のひとつだ。化石系統群のなかで、視覚についてこれほどよく研究されているものは他にない。それは三葉虫の眼のデザインのおかげだ。三葉虫の複眼は多数の独立の個眼からなり、個眼のレンズはカルサイト（方解石）という鉱物のひとつの結晶だ。カルサイトは化石に残りやすいため、視覚系を詳細に調べることができたのだ。

　三葉虫の眼の形と大きさの多様性は、ほんの何種かを見るだけで一目瞭然だ。約4億7000万年前のオルドビス紀（カンブリア紀の直後）の種、アサフス*Asaphus*の眼は円錐形で、太い柄の先についていた。それよりあとの時代のエルベノチレ*Erbenochile*

上　三葉虫の一種ドロトプス*Drotops*は最大で全長20センチメートルになり、凸型の眼と背中に無数の棘を備えていた。この種の化石は北米で発見されている。

上 三葉虫のボディプランはかなり固定的で、中央と左右の3つの部分に分かれる。一方、眼はきわめて多様だった。写真のアサフス・コワレフスキィ*Asaphus kowalewskii*は全長6センチメートルで、眼は突出した長い柄の先端にあった。

下 エルベノチレ・エルベニ*Erbenochile erbeni*の眼は最大で500個の個眼からなり、包み込むように並んでいる。すぐれた視覚は周囲360度に向けられていたが、上はあまり見えていなかった。眼柄の「ひさし」は、強い日光から眼を守っていたと考えられる。

左 ワリセロプス・ハミ*Walliserops hammi*は全長8センチメートルで、頭部に三又の角をもち、眼はドーム型だった。約3億9500万年前〜3億9000万年前、現在の北アフリカのモロッコに生息していた。

下 三葉虫のほとんどの種が眼をもっていた。一部の種は、光がレンズを透過する際に屈折率を変化させ、焦点調節能力を最大限に高めていた。

は、約3億9500万年前のデボン紀の種で、高さのある複眼が太い柄を覆っており、それぞれが数百個の個眼からできていた。エルベノチレはほぼ360度を見渡すことができ、背中越しに真後ろを見ることもできた。眼のてっぺんにせり出したひだは、日よけの役割を果たしたのだろう。エルベノチレと同時代に生きていたワリセロプス*Walliserops*は奇抜だった。前面に三又の角が突出していて、さらに長くカーブした1本の棘がほぼ球形の両眼の頂点から後方に伸びていた。

色の到来

　ここまでの大部分は、眼全般について説明してきた。視覚の便利な機能の筆頭にあげられるのが、色を見ることであり、色とはすなわち光の波長の差異だ。色を見る能力が眼に備わったのはいつなのだろう？　オプシンと発色団からなる視物質分子の種類にもとづく証拠についてはすでに述べた（P.27）。オプシンのたんぱく質構造の変化は、視物質がどの波長の光に強く反応するかに影響を与える。異なる視物質はそれぞれ特定の波長（色）の光を吸収し、それ以外は反射する。だからこそ視物質には色があるように見えるのだ。植物の葉が緑に見える理由もこの原理で説明できる。

上　2014年の研究によれば、米カンザス州で発見された3億年前の魚アカントーデス・ブリッジィ*Acanthodes bridgei*の化石の眼は、桿体細胞と、色を区別する錐体細胞を備えていたことを示している。

葉の中の葉緑体という色素は、光のスペクトルムのうち主に赤と青の両端の部分を吸収し、中間の部分は反射する。そこにあるのは、濃淡さまざまな緑と、両端の淡青色と黄色だ。このような分子証拠から、色の知覚の起源は非常に古いことが示唆される。

　ヒトをはじめとする脊椎動物の眼には、大きく分けて2種類の視細胞があり、形にちなんで桿体・錐体と呼ばれている。先述のとおり、桿体は薄明下でよくはたらくが、あまり波長に特化していない。つまり、色に敏感ではないのだ。錐体は3種類あり、それぞれ狭い波長域の光、すなわち色を吸収する。それぞれが赤、緑、青に対応している。これらの組み合わせにより、一部の脊椎動物は数千から数百万にもおよぶ異なる色を区別できるのだ（第2章、第3章を参照）。

　桿体と錐体が最初に登場したのはいつなのだろう？　石炭紀（3億5900万年前〜2億9900万年前）の化石から、棘魚綱（Acanthodii）と呼ばれる系統の魚には桿体と錐体があったことがわかっている。棘魚綱のアカントーデス*Acanthodes*属は、北米、ヨーロッパ、オーストラリアという広い範囲で、4億年以上前から2億8000万年前までの化石が見つかっている。アカントーデスは平均で全長30センチメートルほどで、ヒレに鋭い棘があることが綱の名前の由来であり、その化石化した眼は桿体と錐体が存在したことを示している。棘魚綱の別の属、ケイラカントゥス*Cheiracanthus*は、大きさは同じくらいだがより古く、約3億9000万年前に生きていた。色を区別する魚の視物質は、子孫に受け継がれ進化した。その子孫には、現代の魚だけでなく、肢を発達させ陸上に進出した魚も含まれ、それらはのちに両生類、爬虫類、鳥類、哺乳類となった。また、多種多様な視物質と色の識別能力を進化させたのは魚だけではなかった。軟体動物、それに巨大な系統群である節足動物（水生の甲殻類を含む）も、独自に色を認識する視覚系を獲得した。

　突如として多くの生物種が像形成眼と色の識別能力を獲得し、視覚の利点は決定的なものとなった。動物たちが獲得したのは、獲物や餌を探し、捕食者や敵やその他の厄介ごとを警戒し、自らを威圧的にあるいは魅力的に見せ、他者、とくに同種他個体とコミュニケーションをとる手段だった。視覚に関連する軍拡競争は、カンブリア紀に始まって以降、止まることなく進化しつづけた。

Chapter 2　Animal eyes

［ 第 2 章 ］

動物の眼

Vertical section through the HORSE. *Equus cab*

さまざまな動物の視覚

　眼は何度進化したのだろうか？　第1章で述べたとおり、眼の発達を制御する遺伝的基盤と、オプシンなど光エネルギーを知覚するための分子レベルの構成部品は、生命の歴史に動物がはじめて登場してまもない太古の昔、たった一度だけ生まれた可能性が高い。この基本的なツールキットを利用して、多種多様な眼が、さまざまな分類群の動物において何度も進化し、それと同時に眼をつくる遺伝子と分子も進化した。自然淘汰により、どんな眼もその動物の生活様式とニーズに合致した（適応した）デザインを備えている。さまざまな分類群において、眼が何度独立して進化したかの推定値は、50回未満から100回以上まで幅広い。

　だが、全体像は複雑だ。眼と視覚が時とともに複雑化するなかで、分岐進化と収斂進化の両方が起きた。分岐進化とは、近縁のよく似た種どうしが、異なる環境条件、食料、天敵およびその他の生存上の課題に適応した結果、差異が大きくなる現象のことだ。単一の共通祖先からさまざまなタイプの眼が生まれたのは、分岐進化の賜物だ。一方、収斂進化は、ある意味でその真逆の現象であり、まったく異なる遠縁の種どうしが、類似の環境条件や生活様式に適応した結果、きわめてよく似た形質が進化することをさす。収斂進化によって、表面上よく似た眼が、異なる分類群や系統で独立に生じる。

左　ウマ*Equus caballus*の眼の断面。水晶体と内壁をなす網膜は、ほぼすべての脊椎動物に共通のデザインだ。

時には収斂進化に惑わされ、2つの系統の間に実在しない類縁関係を想定してしまうことがある。例えば翼は、鳥、絶滅した爬虫類である翼竜、哺乳類（コウモリ）にみられ、一見よく似ている。だが、詳しく調べると、三者の内部構造は大きく異なり、別個の進化的起源をもつことがわかる。翼の外見が似ているのは、飛翔という共通の目的に適応しているため、すなわち収斂進化しているためだ。同じことが視覚にもいえる。ヒトをはじめとする脊椎動物の眼と、タコなど頭足綱の軟体動物の眼には確かに共通点が多い。だが、両者の進化的起源はまったく別なのだ。

眼の主要なデザイン

眼のデザインは単眼と複眼に大別される。単眼の場合、光はたったひとつの開口部から、通常は水晶体を通って入射する。つまり単眼はひとつの視覚ユニットであり、「単一の」眼という意味だ。単眼のなかにはカメラ型のデザインを備えたものがいくつかあり、その構造はヒトの発明品であるカメラにたとえられる。カメラ眼は、水晶体に隔てられた2つの小部屋でできていて、光はひとつの開口部から入射する。ヒトを含め、ほとんどの哺乳類はこのタイプの眼をもつ。

複眼は複数の眼からなり、光をたくさんの視覚ユニットから取り入れる。多数のレンズがあり、その背後にそれぞれ光受容細胞がある。視覚ユニットの数は動物の系統によって異なり、数個から、昆虫では数千、数万個に及ぶ。

単眼と複眼という呼び方は、誤解を招くかもしれない。単眼は必ずしも単純ではなく、ヒトの眼など、非常に複雑で精巧な構造をもつものも含まれる。一方、複眼がすべて複雑なわけではなく、数個の単純なレンズで構成されているものや、少数の光受容細胞の上に透明なカバーがかかっているだけのものさえある。一般に、脊椎動物（魚類、両生類、爬虫類、鳥類、哺乳類）は単眼をもつ。無脊椎動物のなかにも、タコなど単眼をもつものもいる。無脊椎動物の分類群には複眼をもつものもあり、昆虫と甲殻類（いずれも節足動物門）はその代表例だ。第1章で述べたとおり、軟体動物門は進化が生み出したほぼすべての眼のデザインを有する点で特異な分類群であり、複眼をもつ種もいる。

カメラ眼のしくみ

　カメラ眼では、入射光が最初に到達するのは、眼の前端にある透明なドーム型の覆いであり、角膜と呼ばれる。ただし、ヒトの場合は角膜の表面にさらに薄い透明の覆いがある。これは結膜と呼ばれ、接触刺激や空気中の物質に敏感だ。数秒おきにまばたきをするのは、涙腺の分泌液（つまり涙）を広げて、結膜の表面のほこりや水滴、煙の粒子などをぬぐい、きれいにするためだ。光線は角膜を通過する際、屈折作用によって曲がる。光が密度の異なる物体を通過する際に起こる現象だ。これにより光線が集束し、眼のなかの正しい位置に像を結ぶ。角膜は、ヒトの眼の焦点調節能力の75％を占める。

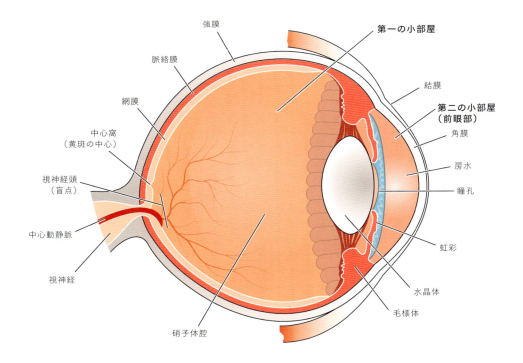

上　ヒト*Homo sapiens*の眼は典型的な哺乳類の眼だ。外側は丈夫な強膜で保護され、血管に富む脈絡膜が内部に栄養を行きわたらせる。

光線は次に、房水と呼ばれる透明な液体を通過する。カメラ眼の2つの小部屋のうち前眼部を満たす液体だ。房水の役割のひとつは、前方の角膜と後方の水晶体に栄養を供給することだ。これらのパーツは限りなく透明に近くなければならないため、他のほぼすべての体のパーツにある血管のネットワークは存在しない。かわりに房水の拡散作用を通じて栄養を受け取り、老廃物を除去する。

　その後、光線の一部は、色のついた筋肉（虹彩）の中心にある穴（瞳孔）を通過する。虹彩そのものは、残りの光線を遮断する。虹彩の色素が光の一部を吸収し、一部を反射する。どの光を吸収し、どの光を反射するかは、入射光の波長（色）によって変わる。例えば、虹彩が青以外のすべての波長を吸収し、青だけを反射すれば、虹彩は青く見え、その持ち主は碧眼とされる。虹彩の筋肉は瞳孔の大きさを変化させる。この反応は自動的に起き、脳が制御している。瞳孔は明るい環境では収縮し、光が入りすぎて繊細な目の内部構造が損傷するのを防ぐ。一方、薄暗い環境では虹彩が瞳孔を拡張し、光を多く取り入れる。暗闇で目を凝らすには、その方が都合がいいのだ。

上　瞳孔は、光を取り入れるための虹彩に開いた穴であり、さまざまな形がある。
ヨーロッパクサリヘビ*Vipera berus*の瞳孔は垂直のスリット型だ。

左 ヒマラヤヒグマ*Ursus arctos isabellinus*の眼。後方に伸びる視神経は、1秒に数百万パルスの神経シグナルを脳に伝達する。

　瞳孔を通過した光線は水晶体に入る。水晶体も透明で、クリスタリンというたんぱく質からなり、柔軟性をもつ。形は凸型（中心が膨張し、周縁部は薄い）で、毛様筋が周りをぐるりと取り囲んでいる。この筋肉が水晶体を変形させることで、光線がどのくらい屈折するかが決まる。近くの物体を見るとき、筋肉は水晶体を厚くして、その物体からの光線の屈折率を高める。逆に遠くの物体を見るときは、水晶体を薄くして屈折率を下げる。こうした作用により、光が眼の内部の適切な場所で焦点を結び、網膜上に鮮明な像ができあがる。

　焦点を結んだあと、光は2つめの小部屋、すなわち後眼部を通過する。後眼部は、眼球の体積の大部分を占め、ゼリー状の液体である硝子体で満たされている。房水と同じく、硝子体も眼の形状維持、栄養供給、老廃物除去の役割を担っている。

さかさまの世界？

　角膜とレンズは、外界の明瞭で詳細な像を網膜に投射するプロジェクターにたとえられる。光線が途中で交差するため、網膜上の像はひっくり返り、上下が逆になっている。発達の早期段階で、こどもの脳は眼で見ているものを正しく解釈できるようになる。網膜上の像を自動的に反転させ、それを「心の眼」で見るようになるのだ。

網膜

　眼に入った光線は、最終的に網膜に到達する。ヒトの網膜の面積は約1100平方ミリメートルで、眼の内面の65〜70％を占める。厚さは0.35ミリメートルで、そこに1億個以上の視細胞がひしめく。それ以外にも、視細胞から神経線維を伝ってくる神経シグナルの処理を担うさまざまなニューロン（神経細胞）や、余分な光を吸収して後方散乱や不必要な反射を防ぐ色素細胞の層、そしてこれらのパーツに栄養を届ける血管のネットワークが存在する。興味深いことに、網膜の神経細胞、神経線維、血管は視細胞の「上」、すなわち入射光の通り道にあるため、光の一部を遮り、「盲点」ができる。これは脊椎動物のカメラ眼のデザインが進化する過程で生じた欠陥と考えられる（頭足類の眼には網膜を遮るものがないため、こうした現象は起きない。P.22参照）。

　視細胞の内部にはオプシンと発色団が存在する。第1章で述べたとおり、これらは光エネルギーを吸収して形を変え、そこから始まる一連の作用によって神経線維を電気信号が伝わり、一次処理をおこなう網膜神経細胞層を通過したあと、視神経の神経線維を伝って脳に到達し、そこで像の解釈がおこなわれる。ヒトの視神経は約100万本の神経線維からなる。脳の視覚中枢は、後頭葉と呼ばれる、脳の尾側下部の表面にある。

眼が2つある理由

　ほぼすべての脊椎動物に加え、多くの無脊椎動物も2つの眼をもつ。眼の配置と視野の範囲はさまざまだ。ヒトを含む霊長類や、ネコなど多くの肉食哺乳類、それにフクロウからカエルまでのさまざまな捕食者は、2つの眼がほぼ正面を向いている。このため、視野は前方に限定されるが、かわりに両眼視（立体視）ができる。両眼の視野が重複する部分で、さまざまな手がかりをもとに物体との距離を測り、正確な奥行き知覚、すなわち3次元視覚が可能になるのだ。手がかりのひとつが、物体に焦点を合わせるためにどれだけ眼球を回転させたかで、これを輻輳と呼ぶ。近い物体ほど輻輳は大きくなり、眼球を動かす筋肉によって知覚される。もうひとつの手掛かりがレンズの形で、物体の遠近に応じてレンズの形を変えて焦点を合わせる毛様体によって知覚される。左右の眼でみる像の違いは視差（網膜像差、disparity）と呼ばれ、脳内で比較される。近くにある物体ほど視差は大きい。さらに、パースペクティブも手がかりになる。これは、平行線が遠ざかるにつれ一点に収束して見え、また遠くの物体の細部や色がぼやけて見える現象だ。また運動視差（motion parallax）と呼ばれる現象もあり、これは頭

上 ワシミミズク*Bubo bubo*の2つの眼は前方を向いていて、視野が重複することにより3次元の視覚をもつ（これを両眼視または立体視と呼ぶ）。

の位置が変わったとき、近くの物体が遠くの物体よりも大きく移動したように見えることをさす。サル、鳥、ヘビ、トカゲなどの動物は、対象物を直視しながら頭を左右に動かすことがよくある。これは運動視差、輻輳、網膜像差によって距離を測るためだ。

　捕食者の多くは眼が正面を向き、両眼の視野が重複する。一方、レイヨウやウサギから昆虫まで、多くの被食者は頭の側面に近い位置に眼がある。これにより、ほぼ全方位を視野に収め、接近する天敵の脅威を見つけ出す。眼の配置はこれ以外にもたくさんある。水中では、底生の魚などの動物の眼は頭の頂点にあり、周囲と上方を見

上 底生で下を見る必要のないヤッコエイ*Neotrygon kuhlii*の眼は、側面と上方がよく見えている。

られるようになっている。下面の砂や泥を眺めてもあまり得るものはないからだ。エイやミシマオコゼの仲間は、海底にうつぶせの姿勢で過ごすため、眼が頭頂にある。ヒラメやカレイは体の左右どちらかの面を下にした姿勢なので、発達の過程で下面側の眼がゆっくりと上面側に移動する。

視細胞

　ほとんどの哺乳類の眼には2種類の視細胞がある。桿体と錐体だ（第1章参照）。ヒトでは桿体が圧倒的多数を占め、その数は1億個を超える。個々の桿体細胞は、長さ0.1ミリメートル、幅0.002ミリメートルにすぎない。「桿体」という名称は、外節と呼ばれる細胞の上端（入射光にいちばん近い部分）が長く円筒形をしていることからきている。この部分には円板膜と呼ばれる構造が重なって詰まっていて、そのシート状の膜の表面に感光性のロドプシン分子がある。ロドプシン分子は、OPN2（オプシン2）

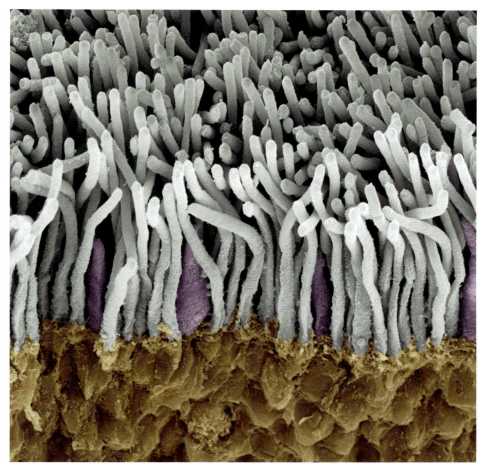

上　ヒト*Homo sapiens*の網膜の顕微鏡写真を拡大したもの。桿体細胞（長くて水色）と錐体細胞（短くて紫色）がぎっしり詰まっている。

たんぱく質と、ビタミンAから合成されるレチナール（第1章参照）の複合体だ。ひとつの桿体細胞は推定1億個のロドプシン分子を含む。桿体はわずかな光量でも敏感に反応するが、色を区別することはできないため、ひとつの色調のモノクロの世界を「見ている」。

　錐体細胞は色と細部を検出する。ヒトの眼には500万～600万個の錐体があり、ひとつの長さは0.05ミリメートル、幅は0.001～0.004ミリメートルだ。桿体と同じように、

錐体も細胞の上端（外節）の形から名づけられ、その中には膜に包まれた円板が積み重なっている。膜に含まれる錐体オプシンは錐体のタイプごとに異なり、赤に反応するOPN1LW（長波長）、緑に反応するOPN1MW（中波長）、青に反応するOPN1SW（短波長）のいずれかだ。分子の数は桿体よりも少ないが、それでも数百万から数千万個にのぼる。錐体は網膜の中心に集中していて、ほぼレンズの真裏に位置する直径5.5ミリメートルほどのこの部分は黄斑と呼ばれる。眼が周囲の一点に注目したとき、視野の中心が投射される場所がここだ。黄斑の中心に中心窩があり、その直径はわずか1.5ミリメートルしかない。ここには錐体がすし詰めになっていて、桿体はほとんどない。ここは、もっとも鋭敏に細部を識別し、色を知覚する場所だ。だが、錐体は薄明下では機能しない。あたりが暗闇に近づき、錐体が反応しなくなると、視覚は桿体だけが頼りになる。このときヒトが体験する現象としては、景色がぼやけて色を失い、モノクロになる。

　先述のとおり、眼の錐体はそれぞれ異なる波長の光を吸収し、これにより動物は色を認識する。色覚は錐体のタイプと種数に規定されているので、すべての動物が同じ範囲の色を見ているわけではない。動物の眼にあるオプシン分子、とりわけオプシン分子のたんぱく質構造を解析することで、どの波長を吸収するかがわかり、ひいては色覚の多様性を解明することができる。

色はいくつある？

　1色型色覚の動物は、1種類の錐体だけをもち、世界を白黒または1つの色の濃淡で見ている。哺乳類のうち、アザラシやアシカ、クジラやイルカ（鯨類）、一部の齧歯類、アライグマなどは1色型色覚だ。これに対し、2色型色覚は2種類の錐体をもち、多くの哺乳類が該当する。2色型色覚の動物は、色を「2次元」で経験すると考えられる。また、「色盲」とされる色覚障害のヒトの一部もこれに相当する。

　ヒトやヒトに近縁の霊長類、すなわち類人猿とサルの一部は3色型色覚をもつ。これに加え、フクロミツスイやスミントプシスなど一部の有袋類も3色型色覚だ。これらは3種類の錐体をもち、きわめて広範囲にわたる色覚をもつ。3種類の錐体は、もっとも敏感な光の波長に応じて、それぞれ青（または紫）、緑、赤（緑‐黄）錐体と呼ばれる。青錐体は短波長を感知し、その反応は紫や青として知覚される。緑錐体は青緑と緑の波長を感知し、赤錐体は長波長（黄色とオレンジ）に反応する。

　4種類の錐体をもつ4色型色覚の動物は、ヒトが知っている3原色とは異なり、4原色の組み合わせとして色を解釈する。4色型色覚は昆虫や脊椎動物の一部（魚類、

両生類、爬虫類、鳥類）など、さまざまな分類群にみられる。初期哺乳類も4色型色覚を祖先から受け継いだが、遺伝子変異により、現生哺乳類の大部分は2色型色覚となった。なお、一部のヒトも遺伝子変異により4色型色覚をもつ。

見えない光

　ここまでの解説では主に、学術用語でいう「可視光」を扱ってきた。これは、ヒトの眼が反応する範囲の光のスペクトル（波長の帯域）のことだが、それがスペクトルのすべてではない。実際には、光は電磁スペクトルという、はるかに広い帯域の一部だ。これらすべての波は電気エネルギーと磁気エネルギー、すなわち力で構成されていて、それぞれ波長と帯びるエネルギーが異なる。

　もっとも波長が長いのは電波で、ひとつの波の長さは数メートル、数十メートル、時には数百キロメートルに及ぶ。マイクロ波はそれよりも短く、約1メートルから数ミリメートルの範囲だ。その下の赤外線の波長は1ミリメートルから0.0007ミリメートル（0.7マイクロメートル、700ナノメートル※）だ。その次がようやく可視光スペクトルで、波長700ナノメートルの赤い光から、400ナノメートルの青や紫までの範囲を占める。これより波長が短くなると紫外線となり、400ナノメートルから10ナノメートルの範囲がこう呼ばれる。さらに電磁スペクトルの端へ向かうと、波長1ナノメートル未満のX線、そのさらに1000分の1の波長のγ（ガンマ）線という、もっとも短い波に至る。

　これらの電磁波はわたしたちの周りに常に存在する。ラジオやテレビは電波を受信し、医療用X線装置はX線の波を照射する。わたしたちの眼は可視光の大部分に相当する390〜700ナノメートルの波長を感知する。ヒトの青錐体は420〜440ナノメートルの波長に、緑錐体は520〜540ナノメートルに、赤錐体は550〜580ナノメートルに反応する。だが、この帯域の長波長側は赤外線と、短波長側は紫外線と連続しているので、動物のなかにはこれらを知覚できるものもいる。ハナバチやカニ、深海魚などだ。

※　1ナノメートルは1ミリメートルの100万分の1、1メートルの10億分の1。

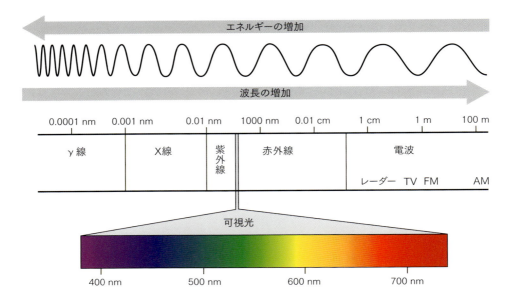

上 可視光は電磁エネルギーのスペクトルのごく一部を占める。可視光よりわずかに波長の短いのが紫外線、長いのが赤外線だ。

紫外線視覚

　ハナバチや蝶など一部の昆虫や、一部の鳥類と爬虫類の眼は、紫外線を検知することができる。紫外線写真で見ると、ある種の花や果実には可視光の波長では見えない線や斑点の模様があることがわかる。花によっては、このような模様が蜜をつくる中心部を指し示している。昆虫は、「蜜標」と呼ばれるこうしたサインを見つけだし、食料にありつく。ある種の蝶では、紫外線下で現れる模様が求愛の際の視覚的ディスプレーで重要な意味をもつ。

熱を「見る」

赤外線のエネルギーを、わたしたちは熱として感じる。一部の動物は、それをもっと詳細に感じ取ることができる。マムシ亜科のヘビはピットバイパーとも呼ばれ、顔の両側面の眼と鼻孔の間にある、ピット器官と呼ばれるくぼみが名前の由来になっている。ガラガラヘビ、ヌママムシ、ヤジリハブ、ブッシュマスターなどを含む分類群だ。ピット器官のしくみはカップ型の眼に似ているが、異なる波長にチューニングされている。赤外線、すなわち熱だ。その波長は約5000〜3万ナノメートル（5〜30マイクロメートル）の範囲で、可視光の約12〜40倍にあたる。マムシ亜科のヘビはピット器官を使い、入射する熱（赤外線）を知覚し、強さと方向を測り、熱を発する物体のおおまかな大きさと形を把握する。相手はネズミや鳥といった獲物となる恒温動物かもしれないし、回避すべきヘビの捕食者かもしれない。このシステムにより、赤外線を利用した暗視カメラなどの電子機器を通して見るのと似た結果が得られる。赤外線（熱感受性）知覚は視覚と同じ原理ではたらくが、完全な暗闇でも機能する。ピットバイパー以外にも、ニシキヘビやボア、チスイコウモリ、一部の甲虫や蝶もこのような感覚器をもつ。

シロクチアオハブ *Trimeresurus albolabris*。眼のすぐ下の中央寄りにあるのがピット器官。

哺乳類の眼

すでに述べたように、すべての脊椎動物はカメラ眼をもち、系統によって視力と色覚はさまざまだ。一般に、脊椎動物の眼は動きの検出よりも細部の観察に長けている。また、陸生の種と水生の種では眼と視覚に違いがみられる。

霊長類は、哺乳類のなかで屈指のすぐれた視力をもち、正面を向いた左右の眼で両眼視ができる。これは、昼行性で樹上性の生活様式に関係がある。正確な焦点調節と距離測定は枝から枝への移動のため、色の区別はよく熟した果実や、葉などその他の食物の選別のためだ。また、多くの霊長類は社会性をもつため、集団内の他個体とのコミュニケーションにも欠かせない。一部の霊長類は3色型色覚をもつ。ヒトを含む類人猿、旧世界ザル、それに新世界ザルの一部で、南米のホエザルはそのうちの一種だ。ホエザルの主食は熱帯雨林の樹冠の葉であり、樹種も成長段階もさまざまな木々のもっとも栄養価の高い葉を選び出すことは、ホエザルにとってきわめて重要だ。そのため、光のスペクトルの赤と緑を区別できるすぐれた色覚が、有用な能力として自然淘汰によって選択されてきたのだろう。

東南アジアのメガネザルは、サルや類人猿の親戚にあたる、じつに奇妙な霊長類だ。頭胴長は10〜15センチメートルで、後肢が長く、ほぼ夜行性だ。夕暮れ、夜、夜明けの状況で光を最大限取り入れるため、巨大な眼を進化させた。片方の眼球が脳とほぼ同じ大きさだ。メガネザルは、ハラーの法則と呼ばれる原理の典型例だ。これは、同じ系統の動物のなかでは大型種ほど相対的に眼と脳が小さい、というものだ。逆にいえば、小型種の眼と脳は比較的大きい。メガネザルの眼球は頭蓋骨にぴったりと収まっていて、ほとんど回転させることがで

左 アカホエザル Alouatta seniculus は3色型色覚をもつ。すなわち、網膜にある3種類の錐体で色を区別しているのだ。

上 夜行性のフィリピンメガネザル*Tarsius syrichta*の巨大な眼は、頭全体の半分以上を占める。この霊長類は2色型色覚で、錐体は2種類しかない。

きない。そのため、フクロウのように頭と首を回して周囲を見渡す。2色型色覚だが、哺乳類でもっとも桿体優位で、瞳孔を針の穴のように極限まで収縮させ、まぶしい日差しから眼を守る。

　小型で昆虫食のコウモリは「音で見る」能力でよく知られる。エコーロケーション（こだま定位）と呼ばれる反響システムのことで、潜水艦のソナーに似ている。だが、大型のオオコウモリの仲間は、同じくほぼ夜行性または薄明薄暮性でありながら、エコーロケーション能力をもたず、視覚に頼っている。かつては暗視に特化して桿体だけをもつと考えられていたが、実際には錐体もあることがわかった。オオコウモリの錐体は、集団ねぐらで過ごす日中に捕食者を発見したり、他個体との社会的相互作用に使われているのかもしれない。

　オオカミやイヌなどのイヌ科動物は、ほとんどの哺乳類と同様に2色型色覚で、網膜にある錐体は2種類だけだ。研究により、イヌ科動物は黄色と青は区別できるが、赤と緑は区別できないことがわかっていて、これはヒトにみられる色覚異常の一種と同じだ。そのため、ヒトの「赤緑色盲」の視覚体験をもとに、イヌはさまざまな色相の青と黄色を区別できるが、大部分のヒトには赤や緑に見える色は、イヌの眼には濃淡さまざまな他のひとつの色、おそらくは灰色のような中間色に見えると考えられてきた。だが、ペットのイヌを対象とした最近の実験により、「灰色の階調」仮説はおそらく間違いで、イヌの視覚はもっと複雑であることがわかった。このことは、動物研究において非常に重要な教訓を思い出させてくれる。眼が感知するものを、そのまま動物が実際に脳で意識的に知覚するものとみなすのは禁物なのだ。

　アシカの眼は、空中と水中のどちらでも焦点を合わせることができるが、レンズが球状であるため水中の方が効率よくはたらく。水面下の薄明でも問題なく機能するように多数の桿体を備えていて、また錐体のおかげでスペクトルの青−緑の色相を区別

輝く眼

　鰭脚類（アザラシやアシカ）は、タペタム（反射層板）をもつ哺乳類の一員であり、仄暗い海の中で獲物を見つけるのに役立っている。タペタムは光沢がある鏡のような反射層で、網膜の裏にある。入射光を再度反射して、網膜の錐体と桿体に到達する光量を増やす。ネコなどの哺乳類の眼が光るのはタペタムがあるためで、主に夜に狩りをするネコには、かすかな光のもとでも鋭敏にはたらく視覚が必要なのだ。

できる。この色覚も水中生活への適応かもしれない。というのも、すべての光の色が均一に水中を透過するわけではないからだ。水は長波長(赤、黄色、オレンジ)の光をより早く散乱し吸収するため、こうした光は深く潜るにつれて弱まり、ふつう水深50メートルで消失する。短波長の緑、青、紫はより深くまで透過し、水深100メートルまで届く。アシカの眼は、ここまでの水深にチューニングされている(深く透明な海の水がふつう青く見えるのもこのせいだ)。陸上では、アシカは明瞭な輪郭やすばやい動きは知覚できるが、細部までは見えていない。これは他の海生生物にもみられる重要な適応だ。

他の脊椎動物の眼

鳥は、一般に体サイズに対して非常に大きな眼をもち、大部分の種が視覚に依存し

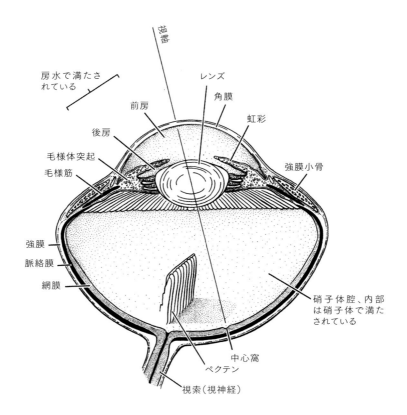

上 複数の層からなるペクテンは、鳥類の眼に固有の構造だ
(P.41の哺乳類の眼と比較してみよう)。

上 ワシミミズク*Bubo bubo*が、一部が透明になっている瞬膜(「第3のまぶた」)を閉じたところ。

ている。爬虫類と同様、鳥類も透明の瞬膜(「第3のまぶた」)をもち、眼を加湿し保護しつつ、閉じたままでも見えるようにしている。瞬膜は一部の哺乳類(アザラシ、ホッキョクグマ、ラクダなど)、両生類、魚類にもみられる。もうひとつ、鳥類と一部の爬虫類に固有の眼の特徴がペクテンだ。これは、血管に富む眼の内膜(脈絡膜)から眼球内部に向かって突きでている、櫛やブラシのような構造だ。ペクテンは網膜の栄養供給を補助し、このおかげで視細胞に向かう光を遮ってしまう網膜の血管を減らすことができる。

　フクロウの眼は独特の筒型をしている。これは網膜側が伸長しているためで、頭骨の眼窩の限られた空間に収まる網膜の面積を最大化している。ワシ、タカ、ハヤブサといった猛禽類の眼は鋭敏な視覚で知られる。ハヤブサの眼には中心窩が2つあり、これらは錐体細胞に富むinfulaと呼ばれる別の部位でつながっている。2つの中心窩が異なる角度に位置するため、高速旋回しながら逃げる獲物に向かって急降下する際、ハヤブサはあまり頭を動かす必要がない。視力を調べた研究で、ハヤブサは一定の距離まではヒトの眼の5倍の精度で細部が見えている(つまり、ヒトの眼と同じ精

上　パンサーカメレオン*Furcifer pardalis*。独立に旋回する両眼で上と左を同時に見ている。

上 ヨゴレ*Carcharhinus longimanus*は攻撃の際に眼を「裏返す」。眼を後方に向けて保護し、丈夫な強膜が露出した状態にするのだ。

度で5倍遠くまで見える）ことがわかった。

　ほとんどの爬虫類の眼は、鳥類と同様、典型的な脊椎動物の眼だ。一方、特殊な適応を遂げた種も多い。例えば、カメレオンの眼は円錐形の塔の形をしていて、左右を独立に動かすことができる。前と後ろ、上と下を同時に見ることができるのだ。眼は通常の凸レンズではなく負レンズ（中心が薄い凹レンズ）を備え、角膜が焦点調節を担う。このような特徴のおかげで、飛びながら通り過ぎる獲物をすばやく発見し、追尾することができる。

　魚類も種によってさまざまな眼をもつ。基本デザインはいずれも脊椎動物のカメラ眼だが、生息環境や生活様式に適応しているのだ。サメの眼はタペタムが発達していて、推定でヒトの眼の10倍の暗視性能をもつ。多くの魚は桿体と4種類の錐体をもつ4色型色覚で、青と紫の可視光の範囲を超えて、紫外線まで見ることができる。P.55

で説明したとおり、この波長帯の光は海水中をもっとも深くまで透過する。深海魚が巨大な眼をもつことが多いのは、闇の中にわずかに届く光をかき集めるためだ。

　ヨツメウオと呼ばれる魚がいる。実際には眼は2つしかないのだが、左右それぞれの眼が上下に分割されていて、どちらにも瞳孔がある。上半分は空気中、下半分は水中という、屈折率の異なる媒体に適応しているのだ。ヨツメウオは主に水面付近で生活し、上下両方からの危険に備えつつ、水面に落ちる昆虫などの獲物を探す。

「第3の眼」

　脊椎動物のうち、一部の爬虫類、両生類、魚には、頭頂眼（顱頂眼、「第3の眼」）と呼ばれる器官が額や頭頂にみられる。ふつう薄い皮膚や組織膜で覆われていて、レンズや焦点調節メカニズムはないため像を結ぶことはなく、副上生体とも呼ばれる。この器官には光受容細胞があるが、視覚のためではない。頭頂眼から投射を受ける、松果体と呼ばれる脳部位は、覚醒時と睡眠時の活動など、体内のさまざまな概日リズム（昼と夜）を司る。光が頭頂眼を活性化し、神経シグナルが松果体に送られる。松

謎の動物ムカシトカゲ

　脊椎動物のなかで、頭頂の「第3の眼」がもっとも目立つのが、ニュージーランド固有の爬虫類であるムカシトカゲだ。トカゲに似ているが、独自の系統であるムカシトカゲ目に属する。このグループの爬虫類は、かつて恐竜の時代には多種多様で広範囲に分布していたが、現生種はムカシトカゲだけだ。発達初期（胚の間や孵化直後）において、ムカシトカゲの頭頂眼は角膜、レンズ、網膜を備えているが、これらの構造は数カ月のうちに退化し、皮膚とうろこで覆われる。ムカシトカゲには珍しい特徴が多数あり、それらは最近のものではなくはるか昔に進化したもの、つまり原始的なものとみなされている。いくつかの点で、ムカシトカゲは爬虫類の祖先である水陸両生の四肢動物（4本の肢をもつ脊椎動物）に似ている。具体的には、非常に単純な耳、化石種に似て単純な頭骨、長く緩慢なライフサイクル（卵の形成から孵化まで数年、性成熟まで15〜20年、寿命は100年以上）などが挙げられる。

左　ムカシトカゲ*Sphenodon punctatus*の頭頂眼は、2つの眼のあいだにある暗色の小さなくぼみにしか見えない。

> ## 無脊椎動物の眼
>
> 　動物の主要な系統のなかで、異なる種類の眼を進化させたグループのひとつが脊索動物であり、これまで説明してきた脊椎動物（魚類、両生類、爬虫類、鳥類、哺乳類）はここに分類される。そして、これ以外はすべて無脊椎動物だ。そのなかには、比較的簡素で保守的な眼の進化をとげた系統もある。クラゲやその仲間（刺胞動物門、第1章参照）、ミミズやゴカイ（環形動物門）、カギムシ（有爪動物門）などだ。一方、無脊椎動物のなかの2つの系統（門）では、より高度で多様なデザインの眼が進化した。すでに見てきたとおり、そのひとつは軟体動物門（ヒザラガイ、巻貝、オウムガイ、タコなど）で、もうひとつは群を抜いて種数の多い最大の門、節足動物門だ。甲殻類、昆虫、クモとその仲間、ムカデ、ヤスデのほか、三葉虫などの多数の絶滅系統も含まれる。節足動物のなかで、圧倒的多数を誇る綱（門の下の分類単位）は昆虫であり、100万種以上が記載されている。クモ類（11万種以上）と甲殻類（約7万種）も種数が豊富だ。膨大な数の節足動物が存在し、そのほとんどが眼をもつ（ただし一部の種は進化の過程で眼を失っている）ことを考えると、大部分の動物は視覚をもつといえる。

具体は、体の活動と機能の制御にかかわるメラトニンなど、さまざまなホルモン（化学シグナル）を生成する、加えて、他の脳部位と神経で直接つながり、同様の制御をおこなう。このようにして、動物の行動が明暗、昼夜という自然のリズムと同期するのだ（ヒトとの関連については第5章参照）。イグアナなどトカゲの仲間の頭頂眼はとくに目立つ。

複眼

　昆虫や甲殻類にみられる典型的な節足動物の眼のデザインが、複数のユニットからなる複眼だ。すでに見てきたとおり、複眼は個眼と呼ばれる光受容ユニットが多数集まってできていて、個眼ひとつひとつが単純な眼だといえる。複眼をもつ動物の脳内で知覚される像は、多数の個眼の入力情報を統合したものだと考えられる。たくさんの視覚ユニットからなるモザイクや、スクリーンのピクセル（画素）のようなものが想像されるが、動物自身がどう知覚しているかを検証するのは難しい。複眼全体の形状は凸面で、個眼がそれぞれわずかに異なる方向を向き、ドームを形成する。たくさんの花を挿した花瓶や、めいっぱい針を刺した針山のようだ。

　視覚ユニットである個眼は、ふつう縦長で基部に向かって細くなっていて、緊密に充填するため断面が六角形になっている（ハチの巣の小部屋に似ている）。ハナバチやスズメバチは数千個の個眼をもち、ひとつひとつの大きさは高さ（あるいは長さ）50

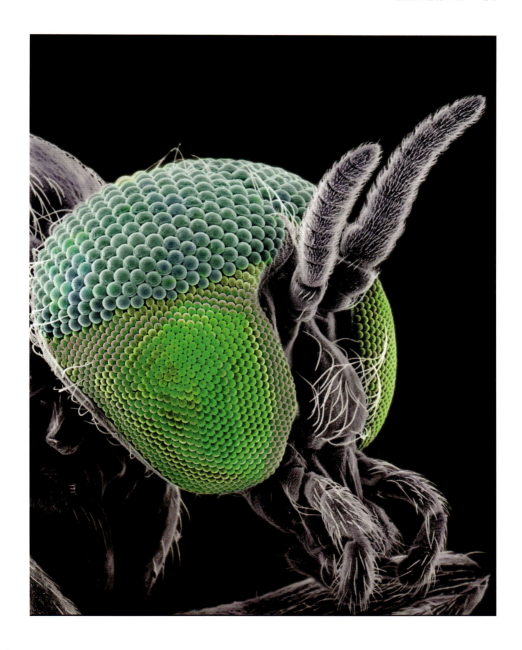

上 体長3ミリメートルのブユの一種 *Simulium damnosum*。この画像では複眼の下部(腹側)を緑、上部(背側)の大きいレンズを青に着色しているが、実際の色ではない。

〜500マイクロメートル、幅0.01〜0.03ミリメートル（10〜30マイクロメートル）だ。ゴキブリは約2000個の個眼をもつ。甲殻類では、ミジンコ *Daphnia* の個眼は片方につき20〜25個、ワラジムシでは50個に満たない。個眼がもっとも多いのは、昆虫ではトンボやスズメガで3万個以上、甲殻類ではガラパゴスベニイワガニで1万7000個にのぼる。

複眼のしくみ

複眼の構造としくみには独自の専門用語が当てられるが、一部は他のデザインの眼と共通する。一般に、個眼に差し込む光はまず角膜に当たる。角膜は透明な覆いで、体全体の外表面を覆う外皮とひと続きになっている。次に光線は、角膜のすぐ下にある円錐晶体を通過する。角膜と円錐晶体の形状と配置はさまざまだが、一般にこれらは一次レンズおよび二次レンズとしてはたらき、焦点を調節する。その周囲にあるのが一次（上部）色素細胞で、光が隣の個眼に漏れ出すのを防いでいる。

これらの構造の下にあり、個眼全体の長さの大部分を占めるのが、細長く透明で結晶質の感桿であり、光を伝導する光ファイバーの機能を果たす。感桿の周囲に視細胞の細胞体がある。視細胞はカメラ眼における桿体や錐体に相当するもので、ひとつの個眼のなかに通常8個（正確には6個から9個以上の範囲）あり、感桿の周囲を環状

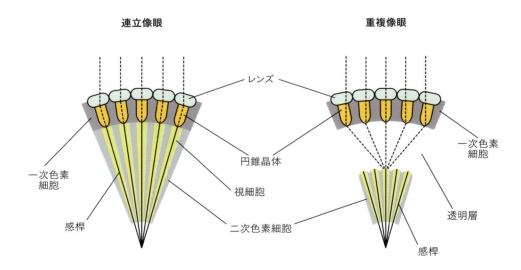

上　一般に、複眼においては視覚ユニットである個眼が図のように配置され、多数のレンズからなるドームを形成している

に取り囲む。視細胞の周囲をさらに二次（下部）色素細胞が環状に取り囲み、こちらも個眼ひとつひとつを光学的に独立した状態に保っている。

視細胞の内側の表面からは、微絨毛と呼ばれる極小サイズの指のような突起が多数、個眼の中央に向かって突き出し、感桿を形成している。ひとつの視細胞の微絨毛を合わせたものを感桿分体と呼ぶ。光が感桿を通って伝わる際、微絨毛の中の視物質が刺激され（カメラ眼の視細胞と同じように）神経シグナルが生成される。シグナルは小網膜細胞から神経線維に沿って伝わる。神経線維は先細りになった個眼の基部を抜け、脳や中枢神経系につながる。

連立像と重複像

節足動物の複眼は、5億年以上前に初めて現れて以降、さまざまな形にアレンジされてきた。それらは像形成のメカニズムにより、2種類に大別される。ひとつは連立像眼で、前述の説明はほぼこちらについてのものだ。連立像眼は、ひとつの個眼に差し込む、ひとまとまりの光線が多数集まって、像を形成する。それぞれの光線のセットは、ひとつの個眼のなかの視細胞だけを（あるいは主として）刺激する。個眼は向かってくる光線のうち一定の角度のものしか集めることができず、その範囲はおそらく1度未満

上　オオベニシジミ*Lucaena dispar*（左）のような昼行性種はふつう連立像眼をもつ。一方、ヨーロッパエゾヨツメ*Aglia tau*（右）などの夜行性昆虫は大半が重複像眼をもつ。

だろう。連立像眼は、明るい環境の方がうまく機能する。

　もうひとつの主要なデザインは重複像眼だ。こちらはふつう、角膜と円錐晶体の下に、感桿の上部を含む透明層と呼ばれる隙間があり、その下には遮光性の下部色素細胞と視細胞が、感桿の下部だけを覆っている。これにより、ひとつの角膜と円錐晶体（つまりレンズ）に入射した光は、透明層を通過する際に複数の方向に反射し屈折して、下部の複数の（時に最大30個の）感桿に到達する。2つを比較すると、連立像眼の方が多数派で、より明瞭かつ詳細な像を形成するが、これは明るい環境への適応だ。重複像眼は、光の共有と重複により、像は不明瞭ながら薄暗い環境でもよくはたらく。

　複眼にはこれ以外にも数々の巧妙なデザインがみられる。重複像は光学的に、つまり光の反射や屈折を利用してつくられることもあれば、神経シグナルを利用して神経学的につくられることも、両者の組み合わせの場合もある。遮光性の色素細胞（虹彩

柄のついた眼

上　シュモクバエ（写真の種は*Achias rothschildi*）のオスどうしは、向かい合って眼の幅を競いあう求愛ディスプレーをおこない、配偶相手候補のメスやライバルのオスにアピールする。

　節足動物のなかでも屈指の驚異的な眼をもつのがシュモクバエだ。眼自体も体のサイズのわりに巨大で、しかも頭の側面から突き出た並外れて長い柄の先についていて、触角もこの柄から生えている。眼の間隔は頭胴長より長いこともある。このような奇抜な形態の理由のひとつが性淘汰だ。メスのシュモクバエは、眼がより離れたオスと交尾しようとするため、眼の間隔が長いという形質は子孫に受け継がれる。

細胞）は、周辺光量に応じて感桿に沿って上下に移動することもある。色素細胞が上に移動すると、隣接する感桿どうしや視細胞どうしで光の共有が起きる。これにより、連立像眼が事実上、重複像眼に変わる。これ以外にもさまざまな特殊化や精緻なチューニングを獲得した結果、昆虫のなかには夜間は昼間の1000倍も光感受性が強いものもいる。

その他の節足動物の眼

　節足動物のなかでもっとも複雑な眼をもつのがシャコだ。甲殻類のシャコは、左右の眼が別々に動く。周囲を絶え間なくスキャンし、同じ標的を眼の3つの部分を使ってそれぞれ異なる角度から見ることで、片眼だけで距離（奥行き）を知覚する。中央の帯状の部分には特殊な個眼が存在し、偏光と紫外線の処理を担う。これを可能にしているのが、16種もの視物質だ。ふつう、光の波はあらゆる角度に振動する。鉛直方向にも、水平方向にも、その間のどの角度にも。一方、偏光はすべて同じ角度で振動する。すべて鉛直、すべて水平、あるいはすべてがまた別の一定の角度というように（偏光サングラスはこの特徴を利用し、ほとんどの角度の光の波の振動を遮断することで、まぶしさを軽減する）。

　偏光は、多くの動物にとって有益な情報源となる。例えば、太陽の偏光は常に太陽に対して一定の角度をなすため、ミツバチなどの昆虫はこれをナビゲーションに利用し、曇天の日でも太陽の位置を特定できる。シャコは複数の種類の偏光を利用し、振動角度が回転する円偏光も利用する。シャコの驚異の視覚は、餌探しや天敵回避の他に、同種他個体とのコミュニケーションにも使われているようだ。例えば、オスはメスに求愛したり、他のオスを威嚇したりするために、体の一部を誇示するディスプレーをおこなう。この部分は偏光を含む光を反射して輝き、さまざまな色彩を呈する。

　クモ形類のなかで、クモは複眼ではなく単眼をもつ。陸生節足動物の主要グループとしては他に類を見ない特徴だ。クモは8つの眼をもち、典型的な配置の場合、中央に2つある大きな眼（前中眼）は二重レンズと像を形成する色素を備えたカップ型のデザインで、その両側面に3つずつ並ぶ側眼には光を反射するタペタムがある。

　節足動物のなかで、種数こそ少ないが独特のグループがカブトガニ類だ。名前に反してカニとは遠い親戚でしかなく、クモやサソリに近縁だ。カブトガニ目の現生種はわずか4種しかいない。カブトガニは、複数の種類の眼に加え、口や尾などいくつかの部位に光受容器官をもつ。メインの2つの複眼は、それぞれ約1000個の個眼からなる。それより小さい2つの正中眼は可視光と紫外線を感知する。さらに頭頂眼が1個、

上 モンハナシャコ*Odontodactylus scyllarus*の色とりどりの外見は、16種類の光センサーを備えたきわめて高度な視覚と関連している。

側眼が2個ある。複眼は節足動物に広くみられる連立像眼で、これが鋏角亜門（カブトガニおよびクモ形類（クモ、サソリ、ダニ）を含むグループ）の祖先形質であることを示している。

軟体動物の眼

　軟体動物のなかで、1対の小さな眼でしかないウミウシの視覚器官は一見原始的だ。オパールのように輝くエムラミノウミウシ*Hermissenda*の眼は、レンズの裏にたった5つ

上 ゼブラハエトリ*Salticus scenicus*の巨大な前中眼は、距離をきわめて正確に測定し、獲物に飛びかかったり危険を逃れたりするのに役立つ。

右 ウミサソリ類は、クモやカブトガニの古代の親戚だ。ウミサソリにもカブトガニに似た1対の複眼があった。米国ニューヨーク州で発見された写真のエウプテルス・レミペス*Eupterus remipes*は全長12センチメートルで、眼がはっきりと確認できる。

の光受容細胞があるだけだ。だが、光受容細胞は2種類あり、それぞれが異なる光量に反応する。また、明るいか暗いかという実際の状況に応じて光受容細胞の反応は変わり、一方の反応は他方の光受容細胞が活性化されているか抑制されているかによって変化する。つまり、ごく少数の感光細胞でも、意外に複雑な情報を生み出すことができるのだ。

　二枚貝の一種であるホタテの眼は最大100個もあり、小さく簡素だがしばしば派手な色をしていて、外套膜の縁にずらりと並んでいるのが殻の隙間からも確認できる。ひとつひとつの眼にレンズと網膜があり、そのすぐ裏にはargenteaと呼ばれる凹型（ボウル型）の反射層がある。光線はレンズと網膜を通過し、argenteaで反射して、再び網膜に戻る。このしくみにより、検出能力を上げ、焦点を調節する（同じ原理はニュートン式反射望遠鏡の凹面鏡にも使われている）。ひとつひとつの眼に細部の判別はできないが、動きの検出には長けていて、すべての眼が合わさると効果的な捕食者警

上　イタヤガイ属の二枚貝の一種 *Pecten* sp.。半開きになった殻の隙間から、2列に並んだドット状の小さな眼が確認できる。

非対称な眼

深海に生息するクラゲイカの仲間 *Histioteuthis* はじつに奇妙な軟体動物だ。右目は通常のサイズで、青く、下を向いていて、下面を通過する生き物の生物発光を探知するのに特化していると考えられる。左目はずっと大きく、管状で、突出していて、黄緑色で、上方を向いて餌や危険を探る。

左 クラゲイカの仲間 *Histioteuthis* sp. の液浸標本。大きく突出した上向きの左眼が確認できる。

戒システムとしてはたらく。同じく二枚貝の一種であるフネガイ科のアカガイも、外套膜の縁にたくさんの光センサーがある。300個もの複眼は、それぞれ約130個の個眼からできているが、レンズはなく、色素とカップだけのデザインだ。解像度は低いが、視野は広いため、物体が接近してくるのを感知したときはすぐに殻を閉じることができる。

蠕虫の眼

　環形動物はほとんどの種がなんらかの単純な眼点をもつが、一部は像形成眼を進化させ、また複眼をもつものもいる。環形動物であるミミズは、小さく単純な、光に反応する眼点をもち、小さすぎてヒトの肉眼では見えないが、体に沿って並んでいる。これらの眼点は周囲の光量を感知し、土壌の表面に近づいている場合は持ち主に警告

上　ケヤリムシの仲間 *Eudistylia vancouveri*。触手に数十個の小さな眼をもち、危険を察知すると、海底に埋まった管の中に触手を引っ込める。

のシグナルを送る。ミミズにとって、繁殖期でない限り、地表付近は望ましい場所ではないのだ。

　環形動物の一系統である多毛類は、短く硬い剛毛が体を覆っていることからその名がついた。既知の約2万1700種のなかには眼がないものもいて、とりわけ深海性の種にその傾向がある。典型的な多毛類は、頭部に4対の原始的な眼をもつが、明暗の区別以外にはあまり役に立たない。加えて、体に眼点をもつものもいる。一方、環形動物としてはきわめて複雑な眼をもつのが、ケヤリムシの仲間だ。ケヤリムシ類には美麗な種が多く、ふつう浅く暖かい海に住む。海底の管の中から扇や花のような見事な触手を伸ばし、海水をろ過してプランクトンを捕食する。触手は長時間水流にさらす必要があるが、繊細でもあり、捕食者や波に巻き込まれた小石、泥流などにより傷つく危険がある。触手には数十から時には200以上もの複眼が対になって並んでいる。ひとつの複眼は40〜60個の個眼が束になってドームを形成したもので、個眼は10〜15度の範囲の入射光を受け取るレンズと、2つの色素細胞、1つの視細胞からなる。この複雑なつくりの主な目的は、像形成よりむしろ光量の知覚にあるようだ。ケヤリムシは、夜間でさえ影がかかるとすぐに大事な触手を管に引っ込める。

　別の分類群である線形動物門を構成する線虫は、あらゆる場所に生息する、長さ1ミリメートル以下から数センチメートルの動物だ。環形動物と異なり、線虫の体は体節に分かれていない。科学界でもっとも有名な線虫、カエノラブディティス・エレガンス *Caenorhabditis elegans* は、全長わずか1ミリメートルで、腐敗した有機物さえあればどこにでも生息し、細菌などの微生物を食べる。ここ数十年、*C. elegans* はショウジョウバエ *Drosophila* と同じようなモデル生物として、遺伝学などさまざまな研究に利用されてきたため、この種の形態、生理、遺伝子は詳細に解明されている。眼はないとされているが、最近になって *C. elegans* は光を感じることがわかった。光を感知すると、すばやく身をよじって逃げるのだ。ミミズの場合と同様、光は線虫にとって、安全な土壌や餌の中から出ていることを示す、避けるべき状況なのだろう。この研究では、細く明るいビーム光を線虫の体の前端に当てても、後端に当てても、同じように光からの逃避反応がみられた。もっとも強い反応がみられたのは光が紫外線波長域の場合だった。*C. elegans* の神経システムはよく研究されていて、302個のニューロンをもつことが知られる。このうち4つが簡素な光受容体としてはたらき、明暗を区別しているとみられる。

　また別の蠕虫の分類群である扁形動物門には、2万9000種以上の寄生性の条虫と吸虫および自由生活性で主に海に住むヒラムシの仲間が含まれ、色鮮やかな姿の

ものもいる。多くの種が頭または体の外縁に眼点をもつ。この仲間を詳しく研究した結果、視細胞に興味深い特徴が見つかった。幼生において、体の前方右側にあるひとつの眼点には3つの視細胞があり、この細胞には節足動物の眼の項で登場した（P.63参照）、微絨毛と呼ばれる指のような突起があるのだ。後述するが、これは眼の進化における重要な段階だ。

　微絨毛系、または感桿系は、2種類ある視細胞の基本構造のひとつで、無脊椎動物に広くみられる。もうひとつのパターンは、脊椎動物の視細胞にみられる、繊毛と呼ばれる毛のような突起が並ぶ構造だ。微絨毛と同じで、繊毛も表面積を増やすことで光受容分子を多く充填し、視覚の感度を高める役割を果たす。だが、2つは別の起源をもち、それぞれの微細構造も異なる。微絨毛か、繊毛かという区別には進化的意義

上　カギムシの一種 *Peripatus* sp. が頭の下面から獲物に向けて粘液を噴射している。眼は触角の根元にあり、獲物に狙いを定めるのに役立つ。

がある。いずれも無脊椎動物と脊椎動物の両方の体にみられる構造だが、視覚に関していえば、無脊椎動物は主として微絨毛を、脊椎動物は主として繊毛を利用している。ヒラムシの幼生の話に戻ると、前方左側の眼は右側のものと似ているが、視細胞がもう1個あり、この細胞にはたくさんの繊毛がある。幼生が成体へと成長するにつれ、この繊毛を備えた視細胞は消滅する。この現象の進化的意義は、今後の研究で解明されるだろう。

　最後に紹介する分類群は有爪動物門（カギムシ）で、*Peripatus*属など約180種からなる。カギムシはきわめて特殊な動物で、柔軟で太く短い脚をもち、脚のない蠕虫と関節のある脚をもつ節足動物をつなぐ存在とされることが多い。強大な捕食者であり、林床で昆虫などの小さな獲物を捕食し、その際に触角の根元付近にある乳頭突起から粘液を噴射して獲物の動きを封じる。小さな眼は、同じく触角の根元付近にある。このカギムシの複数の種を対象に、感光性オプシン分子をつくる遺伝子の解析がおこなわれた。その結果、いずれもオニコプシン遺伝子をもち、また行動実験によりカギムシの視覚は青緑色の光にもっとも敏感であることがわかった。カギムシの遺伝子とオプシンを節足動物のものと比較したところ、両者は近縁だが別個のグループで、姉妹群の関係にあることが示された。つまり、一方から他方が進化したわけではないのだ。この研究は、眼と視覚に着目することで、系統関係を解明できることを示す好例だ。

Chapter 3 Making multi-hues

［第 3 章］
色をつくるしくみ

自然が生み出す色

　自然界に色はいくつあるのだろう？　ヒトの眼は、100万以上の色調と濃淡を区別できると推定される。よく引き合いに出されるのは、可視光スペクトルの主要な7色である、赤、オレンジ、黄、緑、青、藍、紫だ。だが、スペクトルは連続体（グラデーション）であり、それぞれ独立した別々の色のカテゴリーに分かれるわけではない。わたしたちが経験する膨大な数の色も、さまざまな要因に制限されている。例えばヒトの眼や、脳内の神経回路と知覚、それに文化、記憶、伝統、言語などだ。これらについては第5章で扱うとして、ここではヒトが見る「色」は完全でもなければ、絶対でもないことを覚えておこう。

　自然界の色は、物体表面の特徴、透過特性、発光特性に加え、物体に当たる光の種類、物体を見る眼の種類が複雑に相互作用した結果だ。まず、物体表面の特徴とは、物理特性や空間配置のことだ。肌理は粗いか滑らかか、尾根と谷、畝と縁といった特徴や、そのスケールを指し、分子レベルの場合もある。

　次に、透過特性とは、物体の表面がどれだけ光を通過させるか（あるいはさせないか）を指す。不透明の物体は光を通過させず、光を吸収するか、散乱するか、反射する。グラスキャットフィッシュのような透明な物体は、光をほとんど妨げることなく通過させる。光が差し込み、出ていく際に屈折するだけだ。クラゲなど半透明の物体は、光をある程度通過させるが、散乱を伴うため、ぼんやりとかすんだような外見になる。

左　マダガスカルのニシキオオツバメガ *Chrysiridia rhipheus* のまばゆい色彩は複数のしくみで生み出される。色素物質と、光の波の干渉によるイリデセンスだ。

発光特性が問題になるのは、物体そのものが光をつくりだし、発する場合だ。生物が自ら光をつくり、完全な暗闇の中でさえも光を放つ能力は、ふつう何らかの化学反応に基づくもので、生物発光と呼ばれる。生物発光を備えた動物は多く、陸上ではホタルやグローワーム（ある種の甲虫の幼虫）、水中ではプランクトン、魚、イカ、蠕虫などにみられる。菌類や植物の一部にも光るものがいる。自然界にみられる発光には燐光もある。これは、光やその他の電磁波（第2章参照）のエネルギーをいったん吸収し、再び（ふつう異なる波長で）放出するという現象だ。生物燐光は、内向きの光エネルギーを受け取ったずっと後になって外向きに放出することがあり、これにより生物は

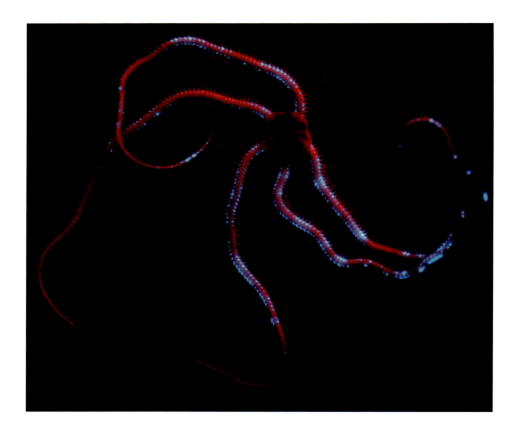

上　深海性で生物発光をもつリュウコツクモヒトデの仲間 *Ophiochiton ternispinus* は、暗闇で可視光スペクトルの両端である赤と青の光を発する。

> ## 光と水
>
> 　海中では、水深が増すにつれ、可視光スペクトルの赤の側がもっとも急速に吸収されるため、海面から深くなるほど周辺光は青くなる。赤い魚が海面近くで赤く見えるのは、太陽光のスペクトル全体を受け取り、赤以外はすべて吸収して、赤だけをわたしたちの眼に向けて反射しているからだ。深くなるほど赤い光が水中から失われ、反射する成分が減るので、魚の色は暗くなる。水質にもよるが、水深が30〜50メートルを超えると、赤い光は存在しなくなり、魚が反射する成分も皆無になるため、黒に近い暗色に見えるようになる。だが、サーチライトやカメラのフラッシュなど、白色光の光源を使って写真に収めると、この水深でも魚は赤く写る。

長時間「暗闇で光る」ことができる。生物蛍光はこれに似ているが、光の放出はもっと短い時間スケールで起こり、ふつうは入射光がエネルギーを伴ってまだ到達しているあいだしか起きない。生物燐光と生物蛍光いずれのプロセスにおいても、放出された光は吸収された光とは波長が異なり、したがって色も違う。

　色を定める要因のもうひとつは、物体の表面に到達する周辺光だ。直射日光はスペクトルの全域にわたり、すべての色（波長）が反射し、散乱し、伝達され、変化が加わる。だが、森のなかの薄暗い場所には、樹冠の緑の葉のフィルターを通過した光だけが到達する。また、太陽光は赤い砂岩や青い片麻岩など、さまざまな色の岩石にまばゆく反射する。この場合、周囲の物体にはこうした色の光が増幅されて到達する。

色の原理

　基礎物理学において、色とは波長の異なる光の線または波である。第2章で述べたとおり、可視光の波長は約390ナノメートルから700ナノメートルの範囲だ。短波長の光はスペクトラムの紫と青、中波長の光は緑と黄色、長波長の光はオレンジと赤に相当する。1ナノメートルは1ミリメートルの100万分の1、1メートルの10億分の1だ。したがって、この「o」の文字の直径に、紫の光なら2500周期の波が、赤の光なら1500周期の波が収まる。

　光の波の大きさやその他の特徴は、物理の授業にだけ関係するわけではない。自然が生み出す、無限とも思える色、陰影、色相、色調、色味を理解するのに不可欠なのだ。自然が色をつくる方法は、構造色と色素色の2つに大別される。構造色とは、

表面の特徴によってつくられる色であり、隆起や穴や光透過性の複数の層など、表面の微細構造が関係している。遺伝性で、控えめに言っても大部分が遺伝子に制御されている。色素色は、色のついた物質（色素）が、表面で反射した光を波長選択的に吸収し、光の色を変えることによってできる。すなわち、色素は一部の色だけを吸収し、残りは反射するのだ。色素色も一部は遺伝性だが、一部は食物から獲得される。後述するフラミンゴのピンク色は後者にあたる。

構造色

　構造色とは、表面のきわめて微細な構造が可視光に干渉することで色が生み出される現象のことだ。干渉のパターンとしては、光線どうしが互いに影響を与える、光線の向きや角度を変える、光線をさまざまな形で組み合わせるといったものがある。例えば、同じ波長の平行な波が、位相も完全に一致している（すなわち、波の山と山、谷と谷の位置が重なる）場合、両者は合わさってより強い効果をもつ。これを増加的干渉という。一方、位相が真逆で、一方の山と他方の谷が重なる場合、両者は打ち消しあい、これを相殺的干渉という。

　実世界では、光はたくさんの波長をもち、あらゆる角度に進むため、互いに強化しあったり打ち消し合ったりして、増加的干渉と相殺的干渉に加え、ありとあらゆる相互作用がみられる。例えば、青の波長の波と赤の波長の波が相殺的干渉によって打ち消しあい、一方で緑の波が増加的干渉によって強められる場合、その物体は緑に見える。構造色は、物体表面に降りそそぐ光の角度や、見る角度によっても変化する。上の例でいうと、表面の角度が変わると、緑の波が打ち消され、オレンジの波が強化されて色が変化する。このように、照明の角度や見る角度によって色が質的に変化する現象を、イリデセンスと呼ぶ。

　構造色を生み出すメカニズムはいくつかある。そのひとつが回折だ。周期的な（等間隔で存在する）隆起やスリットの繰り返しの表面構造は回折格子と呼ばれ、構造が小さいため入射光は拡散し、屈折し、色のスペクトルに分解されて、反射して進む際に相互に干渉しあう。その結果、ふつう虹色の（CDやDVDのような）きらめきが生じる。もうひとつのメカニズムには、多層反射膜と呼ばれる、単一または複数の薄い反射膜が関係している。層の厚みが光の波長よりも薄い場合、光の入射角によって異なる色を反射する。厚みの異なる層が重なり合っている場合は、ほとんどの色が同じ向きに反射するため、銀色または金色に見える効果が生じる。フォトニック結晶と呼ばれる、さらに別のメカニズムもある。これは多層反射膜に似ているが、より複雑で、2次元ま

上 アゲハチョウの翅の鱗粉を拡大すると、重なりあい、先端は葉状になっていて、表面にさらに細かな筋がある。これらの構造すべてが合わさり翅の色が生じる。

たは3次元の反復（周期的）構造が関わっている。また、水やそれに相当するワニスなどにも構造色の効果がある。表面に非常に薄い水の膜があると、それが反射・屈折・回折の作用をもつ層としてはたらくのだ。貝殻を水に濡らしたり水に沈めると、乾いているときよりも色鮮やかになる理由のひとつがこれだ。

　このようにさまざまなメカニズムによって、多くの動物にみられ、動物自身や観察者が動くたび色を変える、虹色の輝きが生まれる。蝶の翅の金属光沢。カワセミ、クジャク、ホシムクドリ、ハチドリなどの鳥の羽の輝き。貝殻のきらめき。また、こうした効果は植物にもみられる。イワヒバやコケスギランの仲間 *Selaginella*、熱帯性のヌカボシクリハラン属 *Microsorum* などのシダ類に加え、顕花植物でもベゴニアの葉や、アフリカのマーブルベリー *Pollia* のつややかな果実などにみられる。このような生物の色についての

上、右 アンナハチドリ*Calypte anna*とツノホウセキハチドリ*Heliactin bilophu*のきらびやかな羽色は、構造色と色素色の組み合わせだ。実際の色合いは見る角度によって変化し、この現象はイリデセンスと呼ばれる。

説明が人によって違ったり、写真によってまったく別物に見えるのは、イリデセンスが原因だ（身近な例でいえば、石鹸の泡や、水に浮いた油膜も同じ原理だ）。有櫛動物のクシクラゲ類は、微細な繊毛が櫛の歯のように並んだ細長い構造をもつ。スポーツの観客がつくるウェーブのように、この繊毛が順々に波打って動くことで、見事なイリデセンスのきらめきを生み出す。

右 イワヒバの仲間*Seleginella*は、光の加減により銀から濃淡さまざまな緑へと色が変わって見える。

下 ウリクラゲの仲間*Beroe ovata*の虹色のきらめきは、体の表面に列をなして並ぶ微小な繊毛の協調運動によって生じる。

色素色

　色素とは、特定の波長の光を選択的に吸収、散乱、反射して色をつくりだす物質のことだ。構造色と異なり、色素色は入射光の角度や観察者の位置によって変化しない。「色素」と聞いて思い浮かぶのは、塗料や染料といった工業製品の方かもしれないが、自然界は生物由来の色素にあふれている。とりわけ、外殻、羽、毛、皮膚といった、色のはっきりした部位にみられる。カナリアの羽の黄色の色素は、白色光の波長のうち黄色以外のすべてを吸収または散乱し、約570〜590ナノメートルの波長、すなわち黄色だけを反射する。クロウタドリやカラスの羽の色素は、ほぼすべての波長を吸収または散乱するため、その「色」は黒になる（光が存在しないということなので、そもそも色ではないともいえる。第5章参照）。

　生物色素はいくつかに分類される。それぞれのタイプが一定の範囲の色を生み出し、同じ色が異なる色素に由来する場合もある。色素はふつう複数の分類群の生物に共通してみられるが、特定の分類群に固有の色素もある。例えば、ベタレインはナデシコ目の植物だけがもつ。色素と構造色はしばしば複合的に作用する。例えば、カワラヒワの羽の緑色は、黄色の色素と青の構造色が合わさった結果だ。

ポルフィリンと胆汁色素

　テトラピロール（胆汁色素とポルフィリン）は、バクテリア、植物、菌類、動物にみられる。その色は赤、緑、黄色、茶色、青とさまざまだ。例えば、植物がもつ緑の色素クロロフィルはポルフィリンの変異体だ。またポルフィリンも、海生貝類の赤や茶色、一部の鳥類の翼の赤や緑を生み出すのに関わっている。一部のポルフィリンは、いくつかのヒトの代謝疾患に関係している。これらは総じてポルフィリン症と呼ばれ、精神や行動の異常、太陽光への皮膚過敏症といった症状が特徴だ。

　胆汁色素のビリベルジン（biliverdin）は緑色（イタリア語やスペイン語でいうverde）で、皮膚の青あざからダツ科の魚ガーフィッシュ*Belone*の緑色の骨まで、至るところにみられる。エミューなどの鳥の卵の殻に含まれるのもこの色素だ。また、名前の一部（bili）とあざに関係することから察しがつくかもしれないが、ビリベルジンは黄緑色をした消化液の一種、胆汁（bile）に含まれる色素でもある。胆汁は肝臓で生成され、代謝機能に異常がある場合は尿に残ることもある。通常の尿の色素は、ビリベルジンにきわめて近いビリルビンだ。

　ビリルビンとビリベルジンはヘモグロビンの分解産物であり、ヘモグロビンはポルフィ

リンの骨格をもち血液の赤をつくるたんぱく質だ。体表面付近を流れる赤い血液は、自然界でさまざまな視覚シグナルに利用されている。例えば、ヒトが赤面するのも、ヒト以外の霊長類の尻が赤くなるのも、いずれも性的アプローチが可能であることを示すサインだ。

エボシドリの多様な色

エボシドリ目の鳥の羽色は、青、赤、緑、紫など多種多様だ。緑色はツラコバジン（turacoverdin、turacoはエボシドリのこと）と呼ばれる特殊な色素によるもので、これは鳥には珍しい特徴だ。カワラヒワなど、エボシドリ以外の緑色の鳥はふつう、カロテノイド（P.87参照）などの黄色の色素と、羽自体の構造色の青が合わさって緑色を示す。エボシドリにはもうひとつ、ツラシン（turacin）という色素もあり、こちらは赤を示す。ツラコバジンとツラシンはいずれもポルフィリンの一種で、以前はエボシドリ独自のものと考えられていたが、最近になってキジ目やチドリ目にもみられることがわかった。

上 ホオジロエボシドリ*Tauraco leucotis*の羽色のうち、ツラコバジンが顔から首にかけての緑を、ツラシンが翼の先の赤をつくる。

下、右 ヨーロッパロブスター*Homarus gammarus*には、遺伝的変異による珍しい青色型（右）が推定で100万頭に1頭の割合で生じる。

カロテノイド

　カロテノイドは自然界の生物由来の色素のなかでもっとも一般的なもので、600種以上が存在する。ただし、生成できるのは植物、一部の細菌、シアノバクテリア、ごくわずかな動物（クモの親戚であるダニや、昆虫のアブラムシ）だけだ。色もさまざまだが、たいていは黄色、オレンジ、赤の範疇で、これは短波長の光を吸収するためだ。カロテノイドは、カロテンとキサントフィルという2つのサブグループに大別される。カロテンのもっとも有名な例は、ニンジンの鮮やかなオレンジだろう。キサントフィルはピンク、赤、黄色をつくる。カロテンとキサントフィルは、秋に木々の葉が赤やオレンジや黄色に変化する原因だ。光を吸収する緑の色素クロロフィル（クロリン色素の一種）が分解され、樹木の本体に吸収されると、カロテノイドが現れるのだ。キサントフィルの一種アスタキサンチンは、サケの切り身のピンク色を生み出す。ロブスターなどの甲殻類は、ふつう生きているときは茶色、青、灰色、緑のくすんだまだら模様にわずかに赤みが差す程度で、この体色はアスタキサンチンを含むさまざまな色素が混ざり合った結果だ。アスタキサンチンはふつう、くすんだ色をつくるたんぱく質と結合する。だが、加熱調理するとこの結合が解け、鮮やかな赤やピンクに変わる。きわめて珍しい青色型のロブスターは、アスタキサンチン分子がたんぱく質とともに凝集した結果、赤い光を吸収するようになり、青く見える。青いロブスターも、調理するとふつうのロブスターと同じくピンク色に変わる。

　植物の例として、トマトは熟すと緑から赤に変わる。このプロセスは遺伝的にプログラムされていて、蓄積したカロテノイド（とくにリコピンとβ-カロテン）が植物の色、手触り、味を変化させる。伝統的な選択交配や研究室でおこなわれる遺伝子組み換えにより、熟すプロセスを変化させ、異なるタイプの色素であるアントシアニン（後述）を導入することで、色の違うトマトをつくることができる。青い品種さえ誕生しているが、その色はどちらかといえば藍色から黒だ。

メラニン

　おそらくもっとも有名な生物色素であるメラニンは、肌、髪、毛、鳥の羽、うろこ、イカの墨のさまざまな茶色や黒をつくる。メラニンは動物界の大部分に普及しているが、クモは数少ない例外かもしれない。メラニンのなかでもっとも一般的なのは黒褐色のユーメラニンだが、赤、黄色、茶色、黄褐色を生み出す他のメラニンもある。数千、数万年にわたり、日差しの強い環境に住むヒトは、肌のメラニン生成量を増加し、色を暗くし

> ### アルビニズム
>
> アルビニズムと呼ばれる形質は、メラニンやその他の色素の生産が阻害される遺伝的変異によって引き起こされる。アルビニズムを発現した個体（アルビノ）は非常に体色が淡いか真っ白で、さまざまな分類群にみられ、哺乳類、鳥類、爬虫類、両生類、魚類、昆虫、甲殻類のほか、棘皮動物門のナマコ（ヒトデと近縁）にまで存在する。ほとんどの野生環境でアルビノは不利になる。白い個体は背景から目立つため、とりわけ若いうちに捕食者の標的になりやすいのだ。アルビニズムを引き起こす遺伝的変異は他の疾患とも関連がある。アルビニズムの原因と影響に関する研究で得られた知見は、ヒトの悪性黒色腫とその治療法の解明にも役立つかもしれない。

て皮膚を守るようになった。明るい色の肌が強い日光（とりわけ紫外線）に晒されると、防護手段としてメラニン生成量が増え、皮膚が暗く変色（つまり日焼け）する。だが、健康維持に役立つビタミンDを自発的につくりだすため、皮膚には一定量の日光が必要だ。日差しが弱い地域で肌の色が明るいのは、ビタミンDを生成するためだ。

　メラニンは、メラノサイトと呼ばれる特殊な細胞のなかのメラノソームという小器官でつくられる。メラノサイトが無秩序に増加しはじめると、がんの一種である悪性黒色腫となる。原因はふつう紫外線への過剰な曝露だが、遺伝的傾向との複合要因の場合もある。

フラボノイドとアントシアニン

　5000種以上を有する膨大な色素群であるフラボノイドは、さまざまな植物にみられ、黄色、赤、赤みがかった青を生み出す。これらの物質は色以外の機能も担っていて、細胞分裂の制御や根からの栄養吸収に関与する。アントシアニンはフラボノイドの一種で、花弁、果実、葉、茎において、主に青、紫、赤の色をつくる。鮮やかな色の花は昆虫やコウモリなどの送粉者を惹きつけ、果実の色は種子分散を担う果実食の動物を呼び寄せる。どちらも植物の生存戦略の一部だ。

後天的な色

　色素は生物が遺伝的プログラムに従って自身でつくりだす場合もあれば、他のどこかから獲得する場合もある。動物の場合、ふつう餌からだ。フラミンゴはこの例としてよく研究されていて、その理由のひとつは動物園や野鳥園で飼育する際に美しいピンクと赤を維持するためだ。

　フラミンゴは大型の渉禽でフラミンゴ科に属し、カイツブリに近縁だ。頭を逆さに水に浸し、水中の餌をくちばしの櫛状の構造ですばやく濾し取って食べる。餌は種によってさまざまで、シアノバクテリア（藍藻類）、藻類、小さな植物、エビなど甲殻類の幼生および成体、軟体動物、水生昆虫、小魚などを食べる。これらの餌の一部、とりわけ藻類と甲殻類は、カンタキサンチンなどのカロテノイド色素を豊富に含む。フラミンゴがこうした餌を摂取し消化すると、色素が羽毛や脚や顔に沈着して、これらの部位をピンクや赤に染める。カロテノイド含有量の低い餌を与えると、フラミンゴの色は薄くなる。

上　コフラミンゴ*Phoeniconaias minor*は餌からカロテノイド色素を吸収し、体をピンク色に染める。

上 オーストラリアに分布するコキンチョウ *Erythrura gouldiae* には野生下で多型がみられる。写真の顔が赤いタイプと黒いタイプはとりわけ数が多い。

体色多型

　体色が色素によるもので、生物がつくりだしたり処理したものである場合、遺伝子変異により異なる色が生じうる。同一種内に体色や模様（およびその他の特徴）の遺伝性の差異がみられることを多型と呼ぶ。個体や体色の系統により、外見上はまったく別の種に見えることもあるが、実際には同種で、交配可能だ。それぞれの系統の体色や模様が独自の生存価をもち、どの系統に属する個体も成長して繁殖し、遺伝子を存続させる場合もあれば、特定の系統は非適応的であり、捕食や病気などの脅威に弱く、やがて消滅することもある。あるいは、環境条件が変わればむしろ身を守る上で有利になることも。

上　モリフクロウ*Strix aluco*は、英国では「tawny owl（黄褐色のフクロウ）」の名で知られる（左上）。だが、ヨーロッパの他国ではむしろ灰色のタイプが多数派だ（右上）。2タイプが交配する地域には中間型（中央上）も存在する。

体色多型がとりわけよく知られているのは蝶と鳥だ。野生のセキセイインコ *Melopsittacus undulatus* は、体の大部分が緑と黄色で、黒い縞や模様があり、尾羽と風切羽は暗い青緑から黒だ。だが、セキセイインコの選択交配が世界規模の一大産業となったおかげで、ありとあらゆる色のセキセイインコが生み出された（ただし赤とピンクはない）。この膨大な体色多型は2つに大別される。白ベースのタイプ（白、灰色、空色、コバルトブルー、藤色、紫）と、黄色ベースのタイプ（各種の緑、灰色がかった緑、オリーブ、黄色）だ。

アジアに分布するアゲハチョウ科のナガサキアゲハ *Papilio memnon* は、体色、模様、形態の膨大な多型を示す。多くの生物にいえることだが、この種はオスとメスの外見がそもそも異なる。性的二型と呼ばれるタイプの多型だ。また、オス・メスともに下翅に「尾」があるタイプとないタイプがみられ、他にも体色と模様に多種多様なバリエーションがあり、メスは20タイプ以上に分類される。さらにややこしいことに、一部のタイプは他種の蝶に非常によく似ていて、擬態していると考えられる。擬態における色の役割については第4章で解説する。

環境と色

生体色素から生じる色は、環境の影響を受けることがある。モリマイマイ *Cepaea nemoralis* の殻の地色と縞模様の色には膨大なバリエーションがある。大まかにいって、高温環境では色が淡く（色素含有量が少ない）、低温環境では色が濃い（色素含有量が多い）。多様な体色をもつ理由のひとつは体温調節だと考えられる。明るい色はより多くの太陽光と太陽熱を反射し、オーバーヒートを防ぐ。一方、暗い色は光と熱を吸収し、体を暖かく保つ。ただし、その他多くの要因も同時にはたらいている。例えば湿度、植生被覆、それに殻の色が捕食を回避するカモフラージュになっているかどうかなどだ。モリマイマイの多様な色と模様は、多型と呼ばれる現象の一例だ。

左　モリマイマイ *Cepaea nemoralis* の殻の配色のバリエーションは膨大だ。

体色変化

　生物の色は恒常的なものばかりではない。色素または構造によって色をつくりだす細胞は色素胞と呼ばれるが、一部の動物は、色素胞の中身や構造を調節し、色を変化させる。このような体色変化の目的はさまざまで、捕食者などの脅威から身を隠すカモフラージュ、危険な敵と対峙する際の警告ディスプレー、コミュニケーション（例えば、繁殖ステータスや群れのなかの順位を伝える）などが挙げられる。

　色素胞による体色変化は、軟体動物や甲殻類などの無脊椎動物にも、魚や両生類や爬虫類などの脊椎動物にもみられる。有名な例がカメレオン（有鱗目トカゲ亜目カメレオン科）だ。カメレオンの体色変化は、色素胞の一種である虹色素胞（イリドフォア）の作用による（同じ細胞は頭足類や一部の魚類にもみられる）。カメレオンの皮膚には構造色を生み出す虹色素胞があり、これと色素色が合わさったものが体色として

上、右 カメレオンの体色変化は、構造色と色素色の複雑な組み合わせのなせる業だ。暗い色はふつうストレスや脅威を示し、トラブルが収束すると淡く色あせる。

イカやタコの体色変化

コウイカ、イカ、タコなど頭足類の軟体動物は、瞬時に体色を変化させる能力で知られる。頭足類は色素胞の大きさや形だけでなく、内部の色素の凝集と拡散の度合いや配列も変化させる。これにより、1秒間に数回という目まぐるしい速さで、色相や濃淡の驚異的な変化を生み出すのだ。色素胞は、脳からの神経シグナルと色素胞の周囲の筋肉によって制御されている。筋肉が弛緩または収縮するたび、頭足類の色や形は超高速で変化する。縞模様、斑点、波柄が体の表面で点滅し、これらはしばしば繁殖や順位をめぐる争いでの意思表示に使われる。

表れる。虹色素胞の内部では、グアニンの薄い結晶（ナノ結晶）が積み重なるか格子構造をとり、その表面が光に干渉して、屈折と反射によりイリデセンスの輝きが生じる（P.83参照）。皮膚に虹色素胞の上層膜があり、内部のナノ結晶どうしの間隔を伸ばすことで、より長い波長の光を反射させることができ、神経シグナルとホルモンがこの調整を担う。通常は間隔が詰まっていて、主に青と緑を反射し、間隔が広がった状態ではオレンジや赤を反射する。また、そのすぐ下の層にも虹色素胞があり、こちらは入射光の大部分、とくに赤の波長を反射する。

さらに、これらの虹色素胞は色素（主に黄色）も含み、これが通常の青の構造色と合わさって、ふだんのカメレオンの体色である緑を強めるはたらきをする。コウイカなどの頭足類と同じで、200種以上いるカメレオンの仲間が体色を変化させる理由もさまざまだ。カモフラージュから社会的シグナル（配偶相手を惹きつける、ライバルを威圧する、天敵に警告するなど）まで、さらに場合によっては体温調節のためにも利用する。暗い色は太陽熱をよりよく吸収するからだ。

色の耐久性

色の耐久性（持続性）は種類によって大きく異なる。色素色はふつう構造色ほど長持ちしない。とりわけカロテノイドは、生物が死ぬと同時に劣化しはじめ、消えてしまうことが多い。魚や軟体動物などの体色が、生きているうちはまばゆいほど鮮やかなのに、死ぬとすぐに色あせてしまうのはこのためだ。一方、昆虫や植物の花などにみられる生物由来の色素には、数カ月、数年、数十年にわたって持続するものもある。博物館に収蔵された、ガラスケースのなかの昆虫標本や、植物の乾燥標本を見ればわかるだろう。ただし、乾燥やアルコール液浸といった保存技術により、色が消えるか変化して、それが種同定に影響する場合もある。生物を命名し、記載し、体系的に分類する

学問である分類学においては、しばしば色が種や分類群を特定する手がかりとなる。標本の色が失われている場合、種間の違いを見つけ出すのが難しくなるかもしれない。

　数千年から時には数千万年も保存される色もある。メラニンやポルフィリンなど、一部の色素は化石からも見つかる。ドイツのフランクフルト近郊にあるメッセル採掘場は、化石産地として世界的に有名だ。この場所で発見された4700万年前のタマムシの化石には、構造色が驚くほど鮮やかに残されていた。これは外表皮の多層反射膜によるもので、この場合は甲虫が生きているときと同じメタリックな色をつくりだす。また、色が一見わからない場合でも、研究によって色素の存在を示せることがある。分光器と呼ばれる、光とその波形特性をスペクトルの一定の範囲で測定する分析機器を利用するのだ。この手法と、化石に残された物質の顕微鏡観察の組み合わせにより、はるか昔に絶滅した動物の色や模様の推定がおこなわれている。

上　UNESCO世界遺産登録地メッセルで発見された約5000万年前の化石には、このタマオシコガネの仲間（コガネムシ科）とタマムシの仲間（タマムシ科）のように、今でも構造色を保持しているものがある。

左　羽毛恐竜アンキオルニス*Anchiornis*。2010年の米イェール大学の研究で体色が復元された。

　絶滅動物としてもっとも有名なのは、おそらく非鳥類恐竜だろう。最新技術により、太古の恐竜たちについてますます多くのことが明らかになり、行動や生活様式に関して驚くべき洞察が得られている。例えば、類を見ないほど保存状態のいい皮膚や羽毛の化石を、従来の光学顕微鏡よりも高倍率の電子顕微鏡で観察した結果、一部に直径1マイクロメートル（0.001ミリメートル）以下の微小な丸い物体が確認された。数年前まで、これらは細菌などの微生物の死骸と考えられていた。だがその後、実は残存したメラノソームであることがわかった。細胞内小器官の一種であるメラノソームは、メラノサイトと呼ばれる細胞の中でメラニン色素を生成する。また、8000万年以上前にアジアに分布した植食性の非鳥類恐竜の一種プシッタコサウルス*Psittacosaurus*のうろこの化石を分析し、構造色特性とメラニンなど色素の分布を調べた研究もある。復元により、この恐竜は暗褐色から黒の暗色と、淡褐色や黄赤褐色が混在する、カモフラージュらしき配色だったことがわかった。肉食恐竜に獲物として狙われていた種としては、これはきわめて理にかなっている。

生体組織の内部には、さまざまな大きさと形のメラノソームがある。黒褐色のユーメラニンをつくるユーメラノソームはソーセージ型だが、黄赤色のフェオメラニンをつくるフェオメラノソームは丸く、前者は後者の2倍の大きさになる。化石のなかのメラノソームの数と分布がわかれば、配色を推定できる。また、電子顕微鏡などの分析機器を利用して、構造色を生み出す隆起、溝、多層構造などが次々に発見されている。このような観測や推定は新たな研究によって年々進歩している。例えば、飛行時間型2次イオン質量分析（ToF-SIMS）という、ややこしい呼び名の解析手法により、化石化した魚の眼に保存されたメラニンが発見された。古生物の配色復元は、現在急成長中の科学分野だ。

化石から色を読み解く

　最初に全身の配色を復元された非鳥類恐竜はアンキオルニス・ハクスレイ *Anchiornis huxleyi* だった。「鳥に近いもの」を意味するアンキオルニスは、全長30センチメートルほどしかなく、真の鳥類の祖先であるラプトル（エウマニラプトラ類）の仲間に含まれる。約1億6000万年前、現在の中国北東部の遼寧省にあたる地域に住んでいた。羽毛の色を解明するため、前述のとおり化石の中のメラノソームの形と分布が調べられ、現生の恐竜（つまり鳥）の羽毛との比較がおこなわれた。研究により、今ではアンキオルニスは以下のような姿だったと考えられている。とさかのような茶色の冠羽、顔は黒、ほほに赤い「そばかす」、体は大部分が灰色と茶色、前肢と後肢の長い羽毛は先の方が白地に黒の斑点、尾は灰色で黒の縁取り。

　非鳥類恐竜をはじめとする絶滅動物の色を復元する研究では、体以外も対象となる。例えば卵だ。現生鳥類の卵の研究により、ビリベルジンとプロトポルフィリンという2つの重要な色素が、その他の色素、および鉱物の炭酸カルシウム（チョーク）と組み合わさって、種ごとに異なるさまざまな卵の色が生じることがわかった。オヴィラプトロサウルス類の恐竜の卵の化石を詳細に分析したところ、ビリベルジンとプロトポルフィリンの痕跡が見つかった。色素の量と層序からみて、この恐竜の卵は青緑色だったと考えられる。

Chapter 4 Perception, deception

[第 4 章]

知覚と騙し

動物は色をどう利用するか

　自然界における色の用途は多岐にわたる。動物は、自分は手ごわいぞと警告したり、カモフラージュして敵から隠れたり、同種他個体とコミュニケーション（宣伝、脅し、誘惑、拒絶、求愛など）をしたり、体温調節をしたり、遮光して有害な光線から身を守ったり、他にもさまざまな目的のために色を利用する。

警告色

　チャールズ・ダーウィンは『人間の由来と性淘汰』（1871年）のなかで次のように提唱した。「どんな動物でも、何らかの特別な目的のために色彩が変化しているときには、私たちの判断できる限りでは、それは保護のためか、異性を惹きつけるためである」。有毒動物の多くが鮮やかな体色をもつのは偶然ではない。動物がもつ毒は2つに大別でき、英語ではそれぞれvenomとpoisonと呼ばれる。前者は歯、棘、針による刺傷や裂傷から他の生物の体内に注入される有害物質のことだ。venomをもつ動物は、獲物を動けなくするか殺すため、また天敵から身を守るためにこうした能力を使う。一方、poisonとはある生物の体内にある物質で、他の生物に（ふつう餌として）摂取された場合に有害な作用をもたらすものをさす。不快な味がすることが多く、こちらもしばしば自衛のために利用される。

左　きわめて俊敏で、猛毒をもつアフリカのブラックマンバ *Dendroaspis polylepis* は、口の中が墨色であることからこう名づけられた。口を大きく開けると、内部の黒と頭の淡色がコントラストをなし、攻撃態勢にあることを天敵に警告する。

左 インド南東部の狭い森林地帯に住むタランチュラの一種グーティサファイア Poecilotheria metallica は、脚を広げた幅が20センチメートルに達し、光の波の干渉によって不気味な青い輝きを放つ。捕食者に対し、刺激性の毛と2センチメートルもの長さの毒牙をもつ自分には手を出すなと警告しているのだ。

下 コバルトヤドクガエル Dendrobates azureus は、鮮やかな淡青色に暗色の斑点という配色で、皮膚に不快な毒があることを捕食者に知らせる。

有毒動物の多くは、自分自身が物理的に害を受けないよう、捕食者や外敵にさまざまな方法で警告を発する。使われるのは、噴気音やうなり声といった不穏な音や、不快なにおい、それに視覚的信号などだ。警告の意味をもつ視覚的シグナルの多くは、派手で鮮やかな色の対比が基本となっている。とくに多いのは、明るい黄色、オレンジ、赤と、茶色や黒といった暗色の組み合わせだ。一部を挙げると、スズメバチ、蝶、テントウムシなどの甲虫、有毒のウミウシ、イモガイ、ヒトデ、ミノカサゴなどさまざまな魚、ヤドクガエル、サンショウウオ、毒蛇、一部の鳥、臭腺から液体を噴射するスカンクなどがこれにあたる。ヒトの認知は視覚に頼るところが大きいため、わたしたちは自然と色や模様に注目し、自分でもそれらを利用する（第5章参照）。だが、研究が進むなかで、警告はしばしば音、におい、味といった他の感覚とセットで発せられることがわかってきた。

　このような警告システム全般を、アポセマティズム（ギリシャ語で「去れと命じる信号」の意味）と呼ぶ。その共通点は、離れたところにいる捕食者や外敵に、自分が毒や忌避物質を備えていることを、派手な警告色や模様などの手段で伝えていることだ。経験の浅い捕食者は攻撃を試みるかもしれないが、すぐに得策ではないと身をもって学ぶ。得られるのは食料ではなく、不快な経験（venomなら痛みやそれ以上の重症、poisonなら嘔吐や消化器の異常）だけだ。捕食者はそうした経験と警告シグナルを関連づけ、経験から学習して、二度と同じ過ちは犯さない。このような筋書きでは、被害にあった個体そのものは死ぬかもしれないが、長期的には種全体に利益がある。

　この考えを、複数の有毒種や「得るもののない」種に拡張すると、こうした種がみな同じ配色パターンをもっていれば、捕食者は警告をより速く学習することになる。捕食者がすばやく学習し、共通の警告信号を回避するようになれば、その配色をもつ狙われる側の種すべてが得をする。生物が他種の外見をまねることを視覚的擬態という。そのなかで、まねる理由が共通の警告色の規則性を強化するためである場合を、ミュラー型擬態と呼ぶ（1878年から79年にかけて、ドイツの博物学者フリッツ・ミュラーが発見した）。

　警告色をもつ膨大な数の動物のなかから、ここではいずれも北米に分布するオオカバマダラとサンゴヘビに注目しよう。オオカバマダラ *Danaus plexippus* はタテハチョウ科の蝶で、鮮やかなオレンジ色の翅には黒い筋と縁取り、白い斑点がある。体は有毒であり、カルデノリドアグリコン（強心配糖体）と呼ばれる物質を含むため味は不快で、捕食すれば心拍に異常をきたす。成虫はこの物質を体内で生成したり、食料から抽出するわけではない。オオカバマダラの毒は、幼虫時代の食草であるトウワタに由来

上 体長5センチメートルのオオカバマダラ *Danaus plexippus* の幼虫には黄色と黒の明瞭な模様がある。警告色の組み合わせの定番だ。

上 オオカバマダラの成虫も警告色を示す。成虫の毒は、幼虫の頃にトウワタを食べて蓄積したものだ。

する。幼虫の体も同様に有毒で、幼虫も白、黄色、黒の環状の帯が連続する警告色だ。

ハーレクインサンゴヘビ *Micrurus fulvius* は膨大な種数を誇るコブラ科の一員で、同科はコブラ、デスアダー、アマガサヘビなどの毒蛇からなる。ハーレクインサンゴヘビの好物は小型の爬虫類・両生類で、他のヘビ（同種他個体も含む）やトカゲ、カエルのほか、時には魚、鳥、昆虫も捕食する。この種の体色は、赤、黄色、黒の帯が鮮やかなコントラストをなす警告色だ。この色の並びの順序はヒトにとって重要な意味をもつ。他種の無毒のヘビもよく似た配色をもつため、もし種の同定を間違って咬まれれば、深刻な結果につながりかねないのだ。

こうして検討するうえで忘れてはいけないのは、わたしたちはヒトの眼とヒトの脳を通して、警告色やその他の色を見ているということだ。他の動物には違って見えるはずだ。例えば、ほとんどの哺乳類は2色型色覚で、網膜の錐体細胞が2種類しかない（第2章参照）ため、ヒトとは異なる色を知覚している。研究により、警告色に使われる色そのものだけでなく、色どうしのコントラストや輝度コントラストの強さも重要であることがわかっている。

思慮深いカマキリ

最近、オオカマキリ *Tenodera sinensis* が色とコントラストをどう利用しているかを調べる実験研究がおこなわれた。オオカマキリは主として視覚を利用する獰猛な捕食者で、発達した複眼をもつが、色覚はほとんどない。獲物のトウワタナガカメムシ *Oncopelyus fasciatus* は、野生下では赤と黒の派手な配色をしている。このカメムシの一部には餌としてトウワタを与え、残りはヒマワリの種を与えて育てた。前者は強心配糖体を蓄積して不快な味になるが、後者は捕食しても問題ない。カメムシに色を塗り、輝度とコントラストのレベルをさまざまに変えて餌としてカマキリに提示して、カマキリの行動と学習を記録した。その結果、輝度コントラストが強いほどカマキリは獲物によく注目し、食べられるカメムシと食べられないカメムシを区別する手がかりとして学習するのも早かった。このような研究を多数積み重ねることで、視覚について、また生物が色や光の特性をどう利用しているかについての科学的知見が得られる。

ベイツ型擬態

　動物のなかには、先述の(P.103参照)ミュラー型擬態とは異なるタイプの擬態をおこなうものもいる。こうした種は、有毒種と同じ警告色を示すが、実際には無毒であり、ヒトでいえば「詐欺師」だ。擬態種は食べても問題なく、むしろ美味のことさえあるが、警告色で危険だと思い込ませるのだ。この騙しのテクニックを、ベイツ型擬態と呼ぶ(1861年から1862年にかけ、英国の博物学者ヘンリー・ウォルター・ベイツが発見した)。

　先述の警告色をもつ2種の動物、サンゴヘビとオオカバマダラには、これらにベイツ型擬態する種がいる。少なくとも、従来はそう考えられてきた。サンゴヘビと似た配色を持つ種として、キングスネークの仲間(ナミヘビ科)で無毒のミルクヘビ *Lampropeltis triangulum*、とりわけメキシコミルクヘビ *L. t. annulata* などがあげられる。両者は一見よく似ていて混同しやすい(ただしミルクヘビの模様は赤と黒の帯が隣接している)。捕食者が有毒のサンゴヘビの配色を学習し、回避するようになると、無害なミルクヘビもその対象となり、ミルクヘビは安全に暮らせるというわけだ。

　オオカバマダラと分布域が重なるカバイロイチモンジ *Limenitis archippus* は、前者に驚くほどそっくりだ。従来、カバイロイチモンジは食べられる獲物だが、不快な味を示すオオカバマダラに姿を似せて身を守っていると考えられてきた。だが、鳥によるカバイロイチモンジの捕食を観察と実験で調べたところ、この種も、少なくとも分布域の一部では、幼虫の食草のおかげで不快な味をもつ可能性が高いとわかった。つまり、オオカバマダラとカバイロイチモンジの関係はむしろミュラー型擬態だといえる。ところが、自然界ではよくあることだが、2種の関係はさらに複雑だ。カバイロイチモンジは色彩多型を示す。これは、単一の種のなかで複数の体色のタイプがある(第3章参照)ことで、本種の場合は生息する地域により、オオカバマダラに似たタイプ、ジョオウマダラ *Danaus glippus* に似たタイプ、ヘイタイマダラ *Danaus eresimus* に似たタイプが存在する。どのタイプが食べられないのか、それぞれどこに分布するのか、どのタイプがどの種に擬態しているのか、その理由は何かなど、詳細については現在研究が進められている。

　ベイツ型擬態の結果は、擬態種と真似されている種(モデル種)の個体数のバランスに影響される。擬態種が多すぎると、警告色をもつ種が実はおいしいと学習した捕食者がモデル種を攻撃する機会が増えるため、警告色の効果は薄れ、消滅することさえある。種内多型があることで、ベイツ型擬態種は複数のモデル種に分散投資し、それぞれのモデル種への擬態の効果が薄れるのを防ぎつつ、自種の個体数を多く保つことができると考えられる。

第4章 知覚と騙し　107

上　有毒のハーレクインサンゴヘビ*Micrurus fulvius*。
赤、黄色、黒の警告色をもつ。

上　無毒のミルクヘビのエクアドル亜種*Lampropeltis triangulus micropholis*は、
一見したところ危険なモデル種のサンゴヘビ(上段)に似ている。

姿を隠す

　目立つ警告色とは正反対に、多くの動物は背景に溶け込んだり、環境のなかのありふれた何の変哲もない物体に似せた色や模様をもつ。この戦術がカモフラージュであり、隠蔽色とも呼ばれる。姿を隠すため、まさに自然の驚異と言うべき適応をとげた種は多く、主要な動物の分類群のほとんどにそうした事例を挙げることができる。隠蔽色は捕食者にも被食者にも利用される。極北の雪と氷の上で、真っ白なホッキョクグマが真っ白なタテゴトアザラシのこどもを狩るのは、その好例だ。トラやジャガーなどの大型ネコは、アジアと南米の各々の生息地の物陰に溶け込む。黄褐色のライオンやカラカル（ライオンに似た毛色の中型ネコ）は、いずれも生息地である赤茶けたアフリカのサバンナや疎林にマッチしている。海中では、多くの魚、軟体動物、ロブスターなどの甲殻類がカモフラージュを利用する。この戦術が太古の昔から利用されてきたことは、第3章で述べた恐竜の一種プシッタコサウルス *Psittacosaurus* の隠蔽色が示している。

　隠蔽色は、しばしば形、行動、においなど他の戦術とあわせて利用される。これらはいずれも隠蔽（他者に観察・発見されるのを避ける能力全般）の範疇だ。東南アジアのトゲヤマガメ *Heosemys spinosa* は、林床の落葉層のなかでじっとしていることが多

上　ジャガー*Panthera onca*は南米の下層植生のなかを静かに歩き、すぐれたカモフラージュを頼りに、獲物に気づかれないよう忍び寄る。

上 オーストラリアガマグチヨタカ*Podargus strigoides*のメス。右上の顔とくちばしでようやく姿を認識できる。左側のひなはさらにカモフラージュを極めている。

く、茶色の背甲（甲羅の上面）は周囲の茶色の落ち葉に溶け込む。甲羅の縁の鋭い突起は、防御用であると同時に、落ち葉の形にマッチしている。ヨタカに近縁のガマグチヨタカ科に属するオーストラリアガマグチヨタカは、夜に狩りをし、日中はひらけた場所の木の幹や枝に止まって休む。複雑な羽色は、銀、灰色、クリーム色、茶色、黒からなり、そこにまだらや縦筋の模様が散りばめられ、樹皮に完璧に同化する。しかも、この鳥の止まる姿勢は、折れた枝の残骸に不気味なくらいそっくりだ。

上 バーチェルサバンナシマウマ*Equus quagga burchellii*が集まると縞模様がごちゃごちゃになり、捕食者は1頭に狙いを定めにくくなる。動きにより、さらに強い混乱効果を繰り返し与えることができる。

上 オーストラリア南部沿岸に住む、繊細な装飾を備えたリーフィーシードラゴン*Phycodurus eques*は、生息地である沿岸の岩場に繁茂する海藻に擬態している。

分断配色は、動物の輪郭を崩し、分断する役割を担っている。シマウマの縞はこれに分類されるが、シマウマに縞模様がある理由の全容はもっと複雑だ。これ以外にも、群れのなかの個体認知、ハエなどの害虫よけ、体温調節、それに捕食者への「目くらまし」として逃げる群れのなかの1頭に狙いを定めにくくするなどの効果もあるのかもしれない。

　体色を変化させ、異なる環境に合わせることのできる動物もいる。頭足類の軟体動物、例えば一部のタコは、背景に合わせて体色を瞬時に変化させる。また、カメレオンの体色変化にもカモフラージュの側面がある（いずれも第3章で述べた）。ツノガレイ属 *Pleuronectes* のカレイの仲間も体色変化の能力をもっていて、斑点やまだら模様を海底に合わせる（オレンジ色の斑点は消すことができない）。ただし、カレイはある程度は自分の体色に合わせて背景環境を選ぶため、完全に背景に合わせて変化するわけではない。

色の季節変化

　動物のなかには、もっと長いタイムスパンで、季節に応じて体色を変化させるものもいる。有名な例がオコジョ *Mustela erminea* で、分布域の北部では、秋に淡褐色または褐色から換毛して白くなり、積雪地帯の風景に溶け込む。英語では、白い冬毛のオコジョには ermine という特別な呼び名がある。同様に、キジ科の狩猟鳥の一種ライチョウ *Lagopus muta* も、褐色の夏羽から白い冬羽に換羽する。気候変動によってオコジョやライチョウの換毛・換羽時期が遅くなり、地域によっては起こらなくなっていることが、研究によって判明している。

左　このライチョウ *Lagopus muta* のメスは、あたりにまだ雪が残るなか、春の換羽を迎えている。

色と食料

　ときにヒトは「目で食べる」と言われる。この言葉は、わたしたちが食べ物の見た目を重視し、見栄えがいい方がおいしそうだと思いがちなことを表している。多くの動物も、食べ物の形や色を区別する。例えば霊長類は、完熟のもっともおいしい果実を選ぶ傾向がある。一部の植物は、果実食動物にとって魅力的な姿に果実を進化させた。果実食者は実を食べるかわりに、種子を排泄し、分散してくれるからだ。

　動物が特定の色に惹きつけられるのを利用して、獲物をおびき寄せて捕食する動物もいる。北米南東部に分布するワニガメ *Macrochelys temminckii* は、カモフラージュした姿で湖や川の底にじっとして、口を開け、ミミズの形をしたピンク色の舌の一部をくねらせる。魚や甲殻類などにとっては、抗いがたい誘惑だ。正体を確かめようと近づくと、ワニガメは恐るべきスピードと力で口を閉じる。同様のテクニックは、チョウチンアンコウの仲間にもみられる。額にある鰭条の先端に、ひらひらした、あるいは膨らんだ疑似餌（ルアー）があり、種によっては生物発光も示す。こちらも、興味をそそられた獲物が近づきすぎると、巨大な口に飲み込まれるはめになる。

　食料のありかを知らせる手がかりは、ヒトには見えないことも多い。その代表例が、花の中に蜜があることを知らせる、花びらの特殊な模様だ。これらは蜜標と呼ばれ、光のスペクトルの可視光域の場合もあれば、ヒマワリの蜜標のように、紫外線下での

右　ヒマワリ *Helianthus* sp.。通常の日光の下（左）では確認できないが、紫外線下で見ると花びらにはっきりと蜜標が現れる（右）。

み確認できる場合もある。ハナバチなどの昆虫は紫外線を見ることができ、蜜標に従って蜜だけでなく花粉も集めて、次の花へと飛び去り、こうして植物は受粉を達成する。北米に分布するミゾホオズキの仲間 *Mimulus lewisii* は、花びらの色がハナバチを惹きつけるピンク色から、ハチドリを惹きつける赤へと変化する。マメ科のデイゴの仲間 *Erythrina* も、同様の理由で鮮やかな赤い花を一斉に咲かせ、送粉者のハチドリを呼び寄せる。

上 これらの花には、紫外線視覚をもつ昆虫には見える「着陸地点表示」があり、適切な送粉者を適切な花に誘引する役割を担っている。

色とセックス

　軟体動物、昆虫、甲殻類から、すべての脊椎動物（魚類、両生類、爬虫類、鳥類、哺乳類）まで、セックスのために色を利用する例は数限りない。ある生物種の一方の性が、色を使い、またしばしばディスプレー行動や音、においを併用して、異性を惹きつけ、繁殖する。こうした動物における誘惑と婚姻のプロセスは求愛と呼ばれる。圧倒的大多数の種において、カラフルで誘惑する側の性はオスだ。オスはしばしば派手でけばけばしく、色やその他の特徴を際立たせるドラマチックなパフォーマンスをおこなう。目的は、自分が健康で、父親にふさわしく、子孫にすぐれた遺伝子を残せることを、相手のメスに伝えることだ。

　たいていの場合、メスは求愛する複数のオスから相手を選ぶ側で、はるかに地味な姿をしている。卵やこどもの世話をおこなう動物においては、メスはふつう隠蔽色を示す。こどもを守り、餌を与える間、捕食者や外敵の目に留まらないようにするためだ。

　豊かな色彩と装飾をまとったオスがメスにディスプレーをするのは、さまざまな分類群に共通のパターンだ。青と赤の顔をもつ大型のサルのマンドリル *Mandrillus spinx*。鳥類でいえば、豪華な尾羽をもつクジャクに、カロテノイド由来の青い脚をもつアオアシカツオドリ。アノールトカゲのオスには鮮やかなデュラップ（顎から喉にかけてのひだ）があり、ヌマアカガエルのオスは繁殖期に体を青く変化させ、トゲウオのオスは赤い腹を見せるディスプレーをおこなう。多くの種のカニのオスはカラフルなはさみや甲羅を

歌とダンス

　絢爛豪華な求愛といえば、フウチョウ科の鳥のものが有名だ。東南アジアとオーストラレーシアに40種以上が分布し、大部分の種のオスは目を見張るような羽色を誇る。明るくメリハリの効いた色をしていて、長くたなびく羽は一風変わった曲線や渦を描く。オスは精力的なジャンプ、ツイスト、ターンからなる「ダンス」を踊り、自身の視覚的特徴をこれでもかと見せつける。またその間、さまざまな音声も発し、破裂音やクリック音、ホイッスルや低いうなりなど、こちらも多種多様だ。フウチョウのディスプレーは自然の驚異の最たるもののひとつで、全体として性淘汰の産物だ。メスはもっともインパクトがあり、ライバルを上回るディスプレーに魅了され、そのオスの子を残す。性淘汰は、配偶相手によって遂行される、自然淘汰の一形態だ。オスの形質は、繁殖成功を最大化する性淘汰と、全体として生存確率を最大化する一般的な自然淘汰が合わさって形成される。後者は、オスが果てしなく壮麗かつ魅惑的になるのにブレーキをかける。そのような絢爛豪華な装飾をもつオスは、捕食者に狙われやすくなるからだ。

上 オスのアオアズマヤドリ*Ptilonorhynchus violaceus*（右）は、青い飾りを集めて散りばめ、枝でできたあずまやにメスを誘い込む。

もち、蝶の翅もオスの方がメスよりきらびやかだ。挙げていけばきりがない。

　セックスのために色を利用する変則的な例として、自分自身が鮮やかな色になるのではなく、花や貝殻、ベリー類といった、カラフルな自然物に対するメスの好みを利用する動物がいる。ニューギニア島とオーストラリアに分布する、20種のニワシドリ科の鳥たちだ。ニワシドリのオスは比較的地味だ。少なくとも、分布域が重なるフウチョウに比べれば。だが、ニワシドリは枝を集めて「あずまや」と呼ばれる構造物をつくり、それをカラフルな素材で飾りつけてメスの気を惹く。あずまやの形は種によって異なり、雑然とした小枝と落ち葉の山もあれば、入念に組み立て形を整えた構造物もあり、そのデザインは円錐形の小屋やテントから、回廊や通路までさまざまだ。オスは大きさと色をそろえた飾り（葉、花びら、貝殻、羽、小石、果実、ベリーなど）を時には数百個も集め、綿密に配置する。さらにメスを魅了するダンスまで披露する。現代のニワシドリは、ヒトが捨てたごみから気に入ったものを装飾に取り入れることもある。プラスチックやガラスのかけら、洗濯バサミ、ペン、さらにはショットガンやライフルの薬きょうまで使う。アオアズマヤドリ*Ptilonorhynchus violaceus*は青いものが専門で、青いボールペンのキャップや瓶の蓋、ストローはとくにお気に入りだ。多くの種と同じく、ほとんどの種のニワシドリもメスは地味な配色で、緑や灰色に小さな斑点が散在する。メスは巣づくりと子育てを単独でおこない、オスの助けは一切受けない。

色と温度

　物理学が示すとおり、薄い色の物体に比べ、濃い色の物体は太陽放射（光、熱、その他の波）をよく吸収し、高温になる。体温調節に色を利用する動物は多い。色の濃淡は、第3章に登場したモリマイマイの遺伝的多様性の要素のひとつだ。ガラパゴス諸島に住む世界で唯一の海生トカゲ、ウミイグアナ *Amblyrhynchus cristatus* は、陸上にいるときは皮膚の色を暗くして、太陽熱の吸収効率を上げる。そのあと、冷たい海に最大水深25メートルまで潜り、海藻を食べる。陸に戻ったウミイグアナは、体が冷え、動きが緩慢になっているため天敵に襲われやすく、再び日光浴をして体温を回復する。カメのなかにも同じような体温調節システムを備えたものがいる。暗色の手足を甲羅から出して熱を吸収し、十分に暖まると今度は淡い色に変え、さらに甲羅に引っ込めて、オーバーヒートを防ぐのだ。

色と防護・強化

　わたしたちヒトでは、肌の色が明るい個体はふつう、数日から数週間という長い時間をかけて皮膚を暗色に変化（すなわち日焼け）させ、太陽の有害な光線から皮膚を守る。これは色による防護の一例だ。カロテノイド色素を利用した同様の防護機能は、

上　潜水で体が冷えたウミイグアナ*Amblyrhynchus cristatus*は、皮膚を暗色に変化させて太陽熱を最大限に吸収する。

イエバエやカなどの昆虫や、水生無脊椎動物（ミジンコや甲殻類のカイアシ）も利用している。

動物の色素の用途は、色そのものに限らない。組織の強化にも関係している。例えば昆虫では、体のもっとも外側の層であるクチクラに含まれるメラニン色素が構造を強化・硬化して摩耗を防ぎ、また抗菌作用で傷の治癒を助けている。

緑の世界

植物も色を利用する。光合成色素によって光エネルギーを吸収し、生命活動の動力源とするのだ。こうした色素のなかで、もっとも一般的なのがクロロフィルだ。藻類がさまざまな色をもつのは、それぞれ異なる水深で光を吸収するためだ。一般に、海岸には緑藻、浅い海には褐藻（フコキサンチンという色素をもつ）、より深い海域には紅藻がみられる。紅藻に含まれる、フィコエリスリンなどのフィコビリたんぱく質色素は、唯一深海まで届く波長である青い光（P.55参照）を効率よく吸収する。

ほぼすべての動物は、直接または間接的に植物の色素を頼りにして、太陽光のエネルギーを生体組織に変換している。直接的には植物組織が植食者に食べられることで、また植食者が捕食者に食べられることで間接的にも、エネルギーの移転が起こる。

上 干潮で姿を現したコンブの仲間 Laminaria の褐色は、深い海で光を吸収するのに適応している。

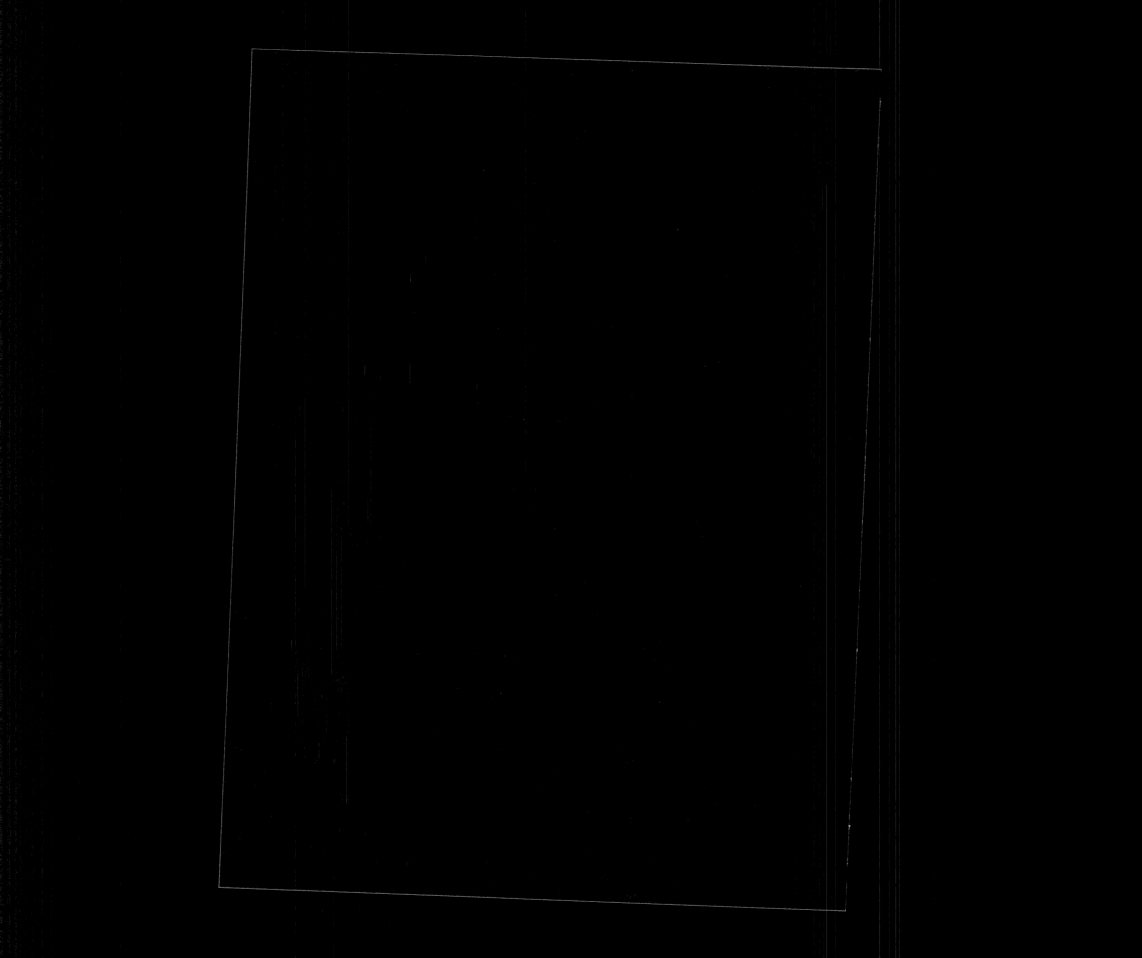

Chapter 5 Our rainbow world

[第 5 章]
色とりどりの世界

ヒトの経験と色の利用

　ヒトは比較的地味な種だ。わたしたちの皮膚の色は特定の環境に適応しているが、ヒトは他の動物がするように、皮膚や髪の色をそのままカモフラージュや毒をもつことの警告に使ったりはしない。だが、現代社会において、ヒトはありとあらゆる方法で「後付けの色」を利用している。着色した衣類を身にまとい、化粧品をつけ、髪を染め、ネイルアートをし、肌にペイントやタトゥーを入れる。ファッションの世界では流行色が現れては消える。また、ヒトは家、公共の場、建物、オフィスや職場など、さまざまな場所に色や模様をつけて装飾する。スマートフォンやキッチン用品から車や飛行機まで、小売製品にはみな色がついている。色は高級ブランドの名前や世界的トレードマーク、企業のアイデンティティとも結びついている。メーカーも広告業者も、天然であれ人工であれ、飲食物の色をさまざまな巧妙なやり方で利用して、消費者の（味蕾ではなく）購買意欲を刺激している。

　さまざまな文化において、法則に従うがごとく、赤、黄色、緑が自然界と同じ用途で利用される。赤はふつう「止まれ」や「危険」を意味し、黄色は警告や注意のために利用され（すでに見てきたとおり、赤と黄色は警告色に多い）、緑は「行け」や「満足」を示す。これらは日常生活のなかでもおなじみだ。信号機、工場の警告表示、電子機器のスクリーンの色付きのアイコン。それに子どものおもちゃのレバーやノブにも使

左　数世紀にわたり、ホネガイ*Murex pecten*などの海生巻貝は高価な
貝紫（ティリアンパープル）の染料を得るため採集されてきた。

> ### 光と概日リズム
>
> ヒトは誕生以来、自然界の色や光と相互作用を続けてきた。それは視覚に限った話ではない。例えば、人体には24時間の活動サイクル、すなわち概日リズムがあり、昼と夜の規則的な光量変化に同調している。眼の網膜からの神経シグナルの一部は、視交叉上核と呼ばれる脳の前腹側にある小さな部位に送られる。この部位は視神経の真上に位置し、体内時計を司る。光量の増減は、神経系と内分泌系を通じて体内時計のはたらきに影響する。「睡眠ホルモン」と呼ばれるメラトニンを生成する松果体(第3章参照)もこれに関与している。注意力、覚醒と睡眠、体温、消化、尿生成など、さまざまな身体機能がこうしたリズムに連動する。時差ぼけを経験したり、日勤から夜勤に変わったりした人は、身をもって知っているだろう。

われる。色の意味の学習は早いうちから始まるのだ。

色がもつ重要な文化的意義は、自然界のどこにも見られない。国旗、伝統衣装、サッカーなどスポーツのチームカラー、特定利益集団や共同体組織など、こちらも具体例は枚挙にいとまがない。

ヒトの気分、情動、モチベーション、期待は、色との相互作用に影響される。デザイナー、芸術家、スタイリスト、広告業者は、これらを巧妙に利用する。文化にもよるが、赤は血の色であり、肉体、興奮、強さ、たくましさ、攻撃性を連想させる。炎のような「熱い」オレンジ色は、熱狂や鼓舞といった強い情動反応を引き起こすかもしれない。黄色は太陽を連想させ、幸福やエネルギーと結びつく。緑は調和と均衡のとれた自然や安全を意味する。青は空と海の色であり、落ち着いて静かで知的な印象を与える。紫のイメージは、贅沢、権力、富、浪費だ(後述)。

自然由来の色

有史以前から、ヒトは動植物の色素を採集し、身体装飾、衣類の染色、絵画など芸術活動、武器や道具の塗装に利用してきた。近年の発見により、すでに5万年前には、わたしたちの親戚にあたるネアンデルタール人 *Homo neanderthalensis* が色素を含む塗料をつくり、おそらくボディペイントや身体装飾品の彩色に使っていたと考えられている。スペイン南部ムルシアで発見された当時の貝殻に、塗料を混合したり保存したりした痕跡が残されていて、黄色、赤、艶やかな黒などが使われていた。それらの年代は現代人がこの地域に進出するずっと前で、ネアンデルタール人が確実に居住していた頃だった。

上 スペインのアビオネス洞窟で発見されたヨーロッパホタテ *Pecten maximus* の殻には、ネアンデルタール人が混ぜ合わせ保存していた複数の色素の痕跡が見つかった。

　自然由来の色が文化的・儀式的意味をもつこともある。貝紫（ティリアンパープル）は古代フェニキア、ギリシャ、ローマの時代からよく知られる。きわめて退色しにくいという特徴から、インペリアルパープル、ロイヤルパープルなどとも呼ばれ、ステータスシンボルとなっていた。この色素は捕食性のアクキガイ科の海生巻貝から採取される。鰓下腺と呼ばれる器官でさまざまな粘液とともにつくられるこの色素は、動物由来としては珍しく臭素を含む。これらの巻貝は、この物質を獲物（主に他の貝）の動きを封じるのに使う。かつては巻貝の周期的減少により染料の貴重性が増し、それが野生個体への捕獲圧の高まりを招いていた。
　半翅目カイガラムシ上科のコチニールカイガラムシも、古くから色素と染料の材料と

上 サポテンにつくコチニールカイガラムシ*Dactylopius coccus*は、鮮やかな赤の染料の材料であり、ホメオパシー薬「コッカス・カクティ」としても利用される。

して利用されてきた。深く鮮やかな赤を示し、コチニール、カルミン、クリムゾンなどと呼ばれる。その用途はさまざまで、塗料、インク、繊維用染料のほか、化粧品や食品着色料にも使われる。色素の基本構造はカルミン酸という化学物質であり、乾燥させ粉末にしたカイガラムシをアルミ化合物と混ぜ合わせることで得られる。研究により、コチニール色素は波長が605ナノメートルよりも長い光(すなわち可視光の赤の部分)だけをきわめて効率的に反射することがわかっている。

　もうひとつ例を挙げると、茶色がかった赤の色素セピアは、さまざまな頭足類の軟体動物、とりわけイカやコウイカがつくる墨を原料とし、もともとは学名でいう*Sepia*属

上 墨を吐き、姿をくらまして逃げるアオリイカ Sepioteuthis lessoniana。セピアのメラニン色素は古代から人々に利用されてきた。

のコウイカから採取されていた。墨は墨汁腺でつくられ、濃縮されたメラニンが主成分だ。脅威を感じると、イカは墨汁腺の中の墨を周囲の海水中に放出して煙幕にし、その背後に隠れて逃走する。天然セピアは塗料や染料として古代から利用され、今では写真技術のひとつとして、画像を茶色系の色調にして古さと温かみをもたせることも、同じ名前で呼ばれている。

色の名前

伝統的な西洋の認識と言語では、「虹の7色」は赤、オレンジ、黄色、緑、青、藍、紫だ(第3章参照)。だが実際には、可視光スペクトルは色の連続体だ。色の認識は文化によって異なり、その地域の環境で重要な色相は多くの名前をもち、多数の種類に区別される。ナミビアのヒンバ族が「セランドゥ」と呼ぶ色は、英語圏出身者には赤、ピンク、オレンジに相当する。ヒンバ族の言葉「ズーズ」は、さまざまな暗色を意味し、英語話者ならば暗青色、暗緑色、暗褐色、暗赤色、あるいは黒と呼ぶだろう。ジンバブエのショナ族は、スペクトルを4色に区別する。「シプスカ」は赤〜オレンジおよび青〜紫の両方を意味し、「シセナ」は黄色〜黄緑、「シテマ」は青緑をさす。オーストラリアのアボリジニの言語では、赤、茶色、黄色が英語よりも多くの単語で細かく区別される。かれらが住む乾燥した環境ではこうした色相が優占するためだ。

自然に学ぶ

　現代のテクノロジーのなかには、自然にインスパイアされた色の利用法がたくさんある。それらは往々にして、自然が先に生み出したものの二番煎じだ。例えば、宝石のオパールは人工的につくりだすのがきわめて難しい。だが、オーストラリア北東部に住むゾウムシの一種 *Pachyrhynchus argus* の外皮には、オパールに似た微細光学構造がある。この無数の極小の球が、前述のフォトニック結晶（第3章参照）の役割を果たし、どの角度から見ても金属光沢と乳白色を示す。これを応用すれば、合成オパールの品質向上や、通信機器・電子機器に使う光ファイバーの改良につながるだろう。

　工業的につくられたレンズには球面収差の問題がある。レンズの周縁部に当たった光と、中心部への入射光とで屈折角度が異なる現象だ。この結果、光がレンズのどの部分に当たったかによって、収束点（焦点）が変わってしまう。解決法として、凸レンズと凹レンズをあわせて使う複合レンズや、レンズの素材そのものを調整して中心と周縁で屈折率に差をつける、といった方法がある。三葉虫の一系統であるファコプス *Phacops* などは、オルドビス紀からデボン紀（4億8500万年〜3億5900万年前）にかけての時代に、すでに球面収差を解決していた。眼を構成する視覚ユニットである個眼には、球形に近いレンズと、その下のボウル状で表面が波打った第二のレンズがあり、2つがセットになって球面収差を補正した。いずれも鉱物のカルサイト（第1章参照）でできているため、化石によく保存されている。

　コガネウロコムシの仲間 *Aphrodita* は、多毛類に属する捕食性の海生蠕虫で、第2章に登場したケヤリムシに近縁だ。ふつう全長15〜20センチメートルで、深海3000メートルにまで生息し、上面が髪の毛のような長い繊維に覆われている。これらは中空のナノ繊維が六角形配列を形成したもので、構造色を示す。これに似た多次元フォトニック結晶が、1980年代以降、光学機器や電子機器の部品として工業生産されてきた。通信用の光ファイバーはその一例だ。コガネウロコムシの毛の色は、深い赤から淡い青緑色で、捕食者への警告の役割を果たすと考えられる。さらに別の例として、エビやロブスターの複眼にある「ミラーボックス」構造の研究が最近おこなわれていて、狭

左　天然オパールの繊細な色合いは、原子や分子のスケールの「ナノ構造」の反復によって生まれる。これをフォトニック結晶と呼ぶ。

上 コガネウロコムシのまばゆい色は、ナノチューブでできた「毛」によって生み出される。学名の*Aphrodita*は、美と愛を司るギリシャ神話の女神にちなむ。

い一定領域の波長だけでなく、超短波長のX線から長波長の赤外線までを捉える高性能広角レンズへの応用が期待される。

白よりも白く

　世界でもっとも白い天然の物体のひとつが、シロコガネ属*Cyphochilus*の甲虫だ。どんな紙よりも、ほぼすべての人工物よりも白く、これは色素色ではなく構造色によるものだ（第3章参照）。研究により、シロコガネの外皮の鱗片はすべての色の光を等しくランダムに反射するため、どの角度からみてもすべての波長が目に入り、したがって白として知覚されるとわかった。しかも驚くべきことに、構造色をつくりだす、反射性の長く重なりあう鱗片は、わずか5マイクロメートル（0.005ミリメートル、1メートルの100万分の5）の厚みしかない。動物界ではありふれた構造素材であるキチンでできたナノフィラメントとマイクロファイバーがこの効果を生み出す。フィラメントの向きはランダムだが、長さと間隔は厳密に一定だ。この驚異的に薄くて軽いミクロの構造は、紙やスクリーン、塗料などさまざまな製品を「白よりも白く」するのに応用できそうだ。歯磨きペーストにもいいかもしれない。

　シロコガネの構造のコンピューターモデリングによれば、金などの原子を特定のパター

ンで組み込むと逆の効果が生じ、世界でもっとも黒い物質ができる可能性がある。そのひとつでは、可視光だけでなく紫外線までも吸収し、そのすべてが赤外線すなわち熱に変換される。これはソーラーパネルの効率化などに応用可能だ。ナノ構造に手を加えることで、すべての可視光を取り込み、純粋なひとつの色、ひとつの波長の光だけを放つ物体をつくりだせる可能性もある。

上 プラチナコガネ属Chrysina sp.の甲虫の金属光沢は、光学機器への応用を視野に研究されている。

> ### 色を聞く
>
> ニール・ハービソン（1982-）は生まれつき色覚がなく、彼の眼には古いモノクロ映画のような世界が見えている。スペインで育ち、芸術と音楽を学んだ彼は、自然保護活動に参加するようになった。2004年、実験的アートプロジェクトの一環として、彼は後頭部の頭蓋内にデバイスを埋め込む手術を受けた。このデバイスは、頭の上にアンテナ状の構造が伸びていて、さまざまな振動を周波数やピッチの異なる音として彼の内耳に伝える。アンテナのセンサーは視覚や色覚、さらには赤外線や紫外線、Bluetoothや携帯電話の電波にも調整可能だ。この方法で、彼は音の周波数と光の波長を関連づけ、色を詳細に「聞き分け」ている。精力的に芸術活動やメディア露出を続け、キャンペーンやフェスティバルにも頻繁に登場するハービソンは、色がもつ意味に新たな次元をもたらした。

視覚と他の感覚

テクノロジーのおかげで、わたしたちは自身の眼では知覚できないものを見ることができるようになった。赤外線や紫外線などの波長域を専用機器で拾い、それを可視光に変換するのだ。将来的には、この原理を応用してより直接的に脳に情報を送ったり、あるいは異なる感覚のあいだで情報を転送して、音やにおいや味の「色」を見たりできるようになるかもしれない。これは、まれにだが実際にある「共感覚」と呼ばれる現象で、異なる感覚が混ざりあうものだ。共感覚はさまざまな形で起こり、その保有者は地域により1000人～2万5000人に1人とされる。例えば、書記素色覚というタイプの共感覚では、文字や数字に色があるように見える。一部の共感覚者にとって、Aはしばしば赤く、Bは青く、Cは黄色く見える。別のタイプの共感覚では、色と音符や音のフレーズが結びついたり、味や香りから図形を認知したりする。

色とりどりの未来

自然界の視覚と色をめぐる旅は、魅力的でわくわくするような発見でいっぱいだ。もし見る眼がなかったら、色は実在するのだろうか？　光にさまざまな波長があるのは疑いようのない物理現象だが、何かがそれを感知し、反応するまで、色という概念は不要だ。動物は、わたしたちと同じように世界を眺めているのだろうか？　これはほぼありえない。ほとんどの動物の眼は、ヒトの眼とは異なるしくみをもつのだから。たとえヒトと同等の眼をもつ動物であっても、脳の視覚処理や知覚はおそらくまったく異なる

だろう。とはいえ、類似点や共通の体験も存在する。ある種のカモフラージュはほぼすべての分類群にみられ、また警告色への反応も動物界において普遍的だ。

　はるか昔に絶滅した動植物や、その生息環境の色を、数百万年の時を超えて知ることは可能だろうか？　そのための技術はここ数十年で格段に進歩し、太古の世界は徐々にカラフルな姿を見せはじめた。現代に戻ると、色はわたしたちにとって何を意味するだろう？　誰にでも好きな色、嫌いな色があり、色から連想するものや色が引き起こす反応は個人の経験によって形成される。

　確かに言えるのは、自然界におけるさまざまな色の用途、多種多様な生きものたちの眼と視覚について、まだまだ研究が必要だということだ。それらは将来、テクノロジーを生み出すきっかけになり、芸術や娯楽を豊かにしてくれるだろう。

索引

[ア]

アカガイ　69
アカントーデス　34, 35
アサフス　31, 32
アザラシ　48, 54, 56, 108
アシカ　48, 54, 55
アノマロカリス　28, 29
アブラムシ　87
アポセマティズム　103
アライグマ　48
アルビニズム　88
アンキオルニス　96, 97
アントシアニン　87, 88
イカ　22, 69, 78, 87, 94, 124, 125
イグアナ　60, 116
イソギンチャク　14
遺伝学　71
イヌ　54
イモガイ　103
イリデセンス　77, 80, 82, 83, 94
イルカ　48
隠蔽色　→カモフラージュ
ウサギ　45
ウマ　38, 39, 110, 111
ウミウシ　6, 7, 66, 103
ウミサソリ　67
運動視差　44, 45
エイ　46
エウプテルス・レミペス　67
エコーロケーション　54
枝状器官　24
エディアカラ紀　13-16, 25
エボシドリ　85
エルドレゲオプス・ラナ　11
エルベノチレ　31, 32, 34
オヴィラプトロサウルス　97
黄斑　48
オウムガイ　22, 23, 60
オオカマキリ　105
オオカミ　54
オオジョ　111
オニコプシン遺伝子　73
オパール　127
オプシン　27, 34, 39, 44, 46, 48, 73
オルドビス紀　31, 127

[カ]

ガーフィッシュ　84

カイアシ　117
貝殻　81, 115, 122
概日リズム　59, 122
海生巻貝　121, 123
（光の）回折　21, 80, 81
海藻　110, 116
カエル　7, 44, 105
カギムシ　60, 72, 73
角膜　17, 22, 27, 41
カサガイ　21, 24
可視光　49, 50
カツオドリ　114
カナリア　84
カニ　49, 65, 114
カブトガニ　65-67
カマキリ　105
カメラ眼　40-41, 52, 58, 62, 63
カメレオン　57, 58, 93, 94, 111
カモフラージュ　92-94, 96, 101, 108, 109, 111, 121
カルサイト　31, 127
カロテノイド　87, 89, 94
カワセミ　81
感桿　62-65, 72
環形動物　60, 70-71
（光の）干渉　77, 80, 102
眼点　5, 11, 15, 17, 20, 22, 24, 70, 71, 72
カンブリア紀　12, 16, 25, 27, 28-31, 35
擬態　92, 103, 106, 110
キチン　128
輝度　→光量の項も参照　105
共感覚　130
恐竜（非鳥類）　59, 96-97
菌類　78, 84
空間解像度　11, 21
クシクラゲ　13, 14, 83
クジャク　81, 114
クモ　28, 60, 65-67, 87
クライオジェニアン紀　13-14
クラゲ　13-14, 16-20, 60, 69, 77, 83
グローワーム　78
クロロフィル　84, 87, 117
警告色　101, 103, 105-107, 108, 121, 131
ケイラカントゥス　35
結膜　41
ケヤリムシ　71, 127
顕生代　12
原生代　12
コウイカ　94, 124-125
甲殻類　18, 28, 35, 40, 60, 62, 64, 65, 87-89, 93, 108, 112, 114, 117
後眼部　43
光合成　13, 115
虹彩　17, 41, 42, 64
構造色　78-82, 84, 93, 128

甲虫　18, 103, 128, 129
コウモリ　40, 51, 54
光量　→輝度の項も参照　17-20, 22, 47, 54, 65, 68, 70, 71, 122
コガネウロコムシ　127-128
古生代　12
個眼　28, 31, 32, 34, 60, 62, 63, 65, 71, 127

[サ]

細菌　11, 71, 87, 96
サソリ　65-67
サル　5, 45, 48, 52, 114
サンゴ　7, 13, 14
三葉虫　11, 28, 31-33, 60, 127
シアノバクテリア　11, 15, 87, 89
色覚　48, 49, 52-55, 58, 105, 130
色素胞　17, 20, 93, 94
色盲　48, 54
視差（網膜像差）　44, 45
視細胞　27, 44, 56, 62, 71-73
視神経　43, 44, 122
始生代　12
自然淘汰　5, 19-21, 25, 39, 52, 114
シマウマ　110-111
視野　44, 45, 69
ジャガー　108
シャコ　65, 66
収差　19, 127
収斂進化　22, 39, 40
松果眼　122
硝子体　43
焦点調節　33, 41, 52, 58, 59
神経線維　15, 17, 22, 27, 44, 63
錐体　35, 46-49, 52, 54, 56
スズメバチ　103
性的二型　92
性淘汰　64, 101, 114
生物蛍光　79
生物発光　69, 78, 112
生物燐光　78-79
赤外線　49-51, 128-130
石炭紀　12, 35
セピア　124-125
前眼部　42
像形成　5, 11, 15, 25, 28, 31, 35, 70-71
藻類　21, 89, 117

[タ]

ダーウィン、チャールズ　19, 101
第3のまぶた　56
第3の眼　59
体温調節　92, 94, 101, 111, 116
体色変化　→カモフラージュ、イリデセンスの項も参照　93, 111

多型　91-92, 106
タコ　22, 23, 27, 40, 60, 94, 111
多層反射膜　80, 95
ダニ　66, 87
タペタム　54, 58, 65
タマムシ　95
多毛類　71, 127
胆汁色素　84
中心窩　41, 48, 56
蝶　7, 50, 81, 92, 103, 115
　　アゲハチョウ　81, 92
　　オオカバマダラ　103-104, 106
　　オオベニシジミ　63
　　カバイロイチモンジ　106
　　ジョオウマダラ　106
　　ナガサキアゲハ　92
　　ヘイタイマダラ　106
チョウチンアンコウ　112
重複像眼　62-65
強膜　41, 55, 58
デボン紀　12, 127
デュラップ　114
電磁スペクトル　49
転写因子　26
瞳孔　17, 22, 41-43, 54, 59
頭頂眼　59, 60
トカゲ　45, 59, 60, 93, 105, 114, 116
毒性　→警告色
ドロトプス　31
トンボ　62

[ナ]

涙　41
軟体動物　21-22, 25, 35, 40, 60, 66, 69, 89, 93-94, 108, 111, 114
ネアンデルタール人　122-123
ネコ　44, 54, 108
年代層序　12

[ハ]

バージェス頁岩　28-29
ハービソン、ニール　130
バイオマーカー　13
ハエ　64, 71, 111, 117
ハコクラゲ　16-17, 19-20
ハチドリ　81-82, 113
波長（光の）　7, 27, 34-35, 42, 48-51, 55, 59, 71, 78-80, 84, 87, 94, 117, 124, 128-130
発色団　27, 34, 44
ハナバチ　49-50, 60, 113
ハラーの法則　52
ハルキゲニア　28, 30

光受容体　→視細胞
光ファイバー　62, 127
ヒザラガイ　22, 24, 60
微絨毛　63, 72-73
非対称な眼　69
ビタミンA　27, 47
ビタミンD　88
ヒト　5, 17, 22-23, 26, 35, 40-41, 44, 46-49, 52, 54, 56, 58, 77, 84-85, 87-88, 103, 105-106, 112, 115-116, 121-122, 130
ヒトデ　88, 103
ヒドラ　13
ヒラムシ　18, 71, 73
ファコプス　127
フウチョウ　7, 114-115
フォトニック結晶　81, 127
複眼　24, 28-29, 31, 34, 40, 60-67, 69-71, 105, 127
輻輳　44-45
フクロウ　44, 54, 56, 91
フクロミツスイ　48
プシッタコサウルス　96, 108
フラボノイド　88
フラミンゴ　80, 89
プランクトン　71, 78
分岐進化　39
分類学　35
平衡石　17
ベイツ、ヘンリー・ウォルター　106
ペクテン　55-56
ベタレイン　84
ヘビ　45, 51, 105
　　サンゴヘビ　105-107
　　デスアダー　105
　　ピットバイパー　51
　　ブラックマンバ　101
　　ミルクヘビ　106-107
偏光　65
房水　41-43, 55
ホタル　78
哺乳類　→ヒトの項も参照　5, 26-27, 35, 40, 44, 46, 48, 52, 54, 56, 60, 105, 114
ホネガイ　121
ホライモリ　18
ポルフィリン　84-85, 95, 97

[マ]

マーブルベリー　81
まぶた　56
ミジンコ　62, 117
蜜標　50, 112-113
ミミズ　60, 70-71, 112
脈絡膜　41, 55-56
ミュラー、フリッツ　103

ムカシトカゲ　59
無脊椎動物の眼　23, 60
冥王代　11
メガネザル　52, 53
メッセル採掘場　95
眼の退化　18
メラトニン　60, 122
メラニン　87-88, 95-97, 117, 125
メラノソーム　88, 96-97
盲点　41, 44
網膜　11, 17, 20, 22, 27, 39, 41, 43-44, 47-48, 52, 54, 56, 59, 68, 105, 122
毛様筋　43, 55

[ヤ]

夜行性　52-54, 63
（蝶の）幼虫　103-106
ヨツメウオ　59

[ラ]

立体視　→両眼視の項を参照
両眼視　44-45, 52
燐光　78-79
鱗粉（蝶の）　81
類人猿　48, 52
レイヨウ　45
連立像眼　62-65
ロドプシン　27, 46-47
ロパリウム　16-17
ロブスター　86-87, 108, 127

[ワ]

ワプティア　28-29
ワリセロプス　33-34

[A-Z]

argentea（訳語不明）　68
infula（訳語不明）　56
PAX遺伝子　26-27
1色型色覚　48
2色型色覚　48-49, 53-54, 105
3色型色覚　48, 52
4色型色覚　48-49, 58

参 考 文 献

書籍

Cronin, T. W. and Johnsen, S., Visual Ecology, Princeton University Press, 2014.

Glaeser, G. and Paulus, H. F., The Evolution of the Eye, Springer, 2015.

Holland, M., Animal Eyes, Arbordale Publishing, 2015.

Land, M. F. and Nilsson, D. E., Animal Eyes, Oxford Animal Biology Series, 2012.

Lazareva, O. F., Shimizu, T. and Wasserman, E. A., How Animals See the World: Comparative Behavior, Biology, and Evolution of Vision, Oxford University Press, 2012.

Levin, L. A., Nilsson, S. F. E., et al., Adler's Physiology of the Eye, Saunders, 2011.

Parker, A., In the Blink of an Eye: How Vision Kick-started the Big Bang of Evolution, Natural History Museum, 2016.（『眼の誕生——カンブリア紀第進化の謎を解く』、渡辺政隆（訳）、草思社、2006）

Parker, A., Seven Deadly Colours: The Genius of Nature's Palette, Natural History Museum, 2016. Schwab, I. R., Evolution's Witness: How eyes evolved, Oxford University Press, 2012.

ウェブサイト（注：サイトのURLはいずれも変更されることがある。）

National Center for Biotechnology Information
www.ncbi.nlm.nih.gov/pmc/articles/PMC2781854/

Nautilus
http://nautil.us/issue/11/light/how-animals-see-the-world

Prezi
https://prezi.com/4coymf0pkmvh/evolution-of-the-eye/

The Scientist online
www.the-scientist.com/?articles.view/articleNo/41055/title/The-Rainbow-Connection/

Wikipedia
https://en.wikipedia.org/wiki/Evolution_of_the_eye

写真提供

Pg. 4 ©Kim Taylor/naturepl.com; pg. 6 ©Franco Banfi/naturepl.com; pg. 8, 12, 14, 16, 21 top, 27 bottom, 28, 29, 30, 31 top, 32, 34, 39, 47, 48, 57, 60, 63, 64, 65, 66, 70, 76, 79. 80, 84, 85, 86, 96, 102 bottom, 105, 108, 110, 114, 116, 117, 118 ©The Trustees of the Natural History Museum, London; pg. 10, 13 bottom, 18, 46, 58 ©Mercer/NHM; pg. 13 top ©Jim Gehling, South Australia Museum; pg. 15 ©Jurgen Freund; pg. 20 Visuals Unlimited, Inc./Gerald & Buff Corsi/gettyimages.com; pg. 21 bottom ©Wild Wonders of Europe/Zankl/naturepl.com; pg. 22 ©Ling Li, Harvard University; pg. 27 top ©Katrina Kenny, University of Adelaide; pg. 31 bottom ©Graham Cripps /The Trustees of the Natural History Museum, London; pg. 37 ©Blamb/shutterstock.com; pg. 38, 102 top ©Janos Jurka/The Trustees of the Natural History Museum, London; pg. 41 ©Juan-Carlos Munoz/The Trustees of the Natural History Museum, London; pg. 42 ©Mark Harding/The Trustees of the Natural History Museum, London; pg. 43 ©Steve Gschmeissner/Science Photo Library; pg. 49 ©Martin Gabriel/naturepl.com; pg. 52 ©Malcolm Schuyl/FLPA; pg. 53 ©Edwin Giesbers/naturepl.com; pg. 55 ©Pete Oxford/naturepl.com; pg. 59 left ©Andy Sands/naturepl.com; pg. 59 right ©Hans Christoph Kappel/naturepl.com; pg. 62 ©Reinhard Dirscherl/Visuals Unlimited, Inc./Science Photo Library; pg. 68 ©Rod Clarke/John Downer Productions/naturepl.com; pg. 72 ©Visuals Unlimited/naturepl.com; pg. 75 ©Susumu Nishinaga/Science Photo Library; pg. 77 top ©Chris Mattison/FLPA; pg. 77 bottom ©Sinclair Stammers/naturepl.com; pg. 83, 103, 107 ©David Tipling; pg. 87 ©Chris Mattison; pg. 89 ©Senckenberg Research Institute Frankfurt am Main, Department Messel Research; pg 90 ©Piotr Gryz; pg. 92, 94 top ©Michael D. Kern/naturepl.com; pg. 94 bottom ©Ingo Arndt/naturepl.com; pg. 99 top ©Barry Mansell/naturepl.com; pg. 99 bottom ©Michael & Patricia Fogden/Minden Pictures/FLPA; pg. 100 ©Suzi Eszterhas/naturepl.com; pg. 101 ©B.G. Thomson/Science Photo Library; pg. 104 ©Science Photo Library; pg. 109 ©Nick Upton/naturepl.com; pg. 115 ©Colin Marshall/FLPA.

NHM: Natural History Museum, London.

すべての著作権保持者に可能な限り連絡をとり、正確なクレジット表記を心がけた。
万一不備があった場合は深くお詫びし、要望のあった修正は次版以降に反映する。

著 者
スティーヴ・パーカー　Steve Parker
サイエンスライター、編集者、コンサルタント。250冊以上の著作があり、専門は博物学、生物学、テクノロジー、科学全般。大英自然史博物館元職員。ロンドン動物学協会上席研究員。サフォーク州アイ（Eye）在住。

監修者
蟻川謙太郎　Kentaro Arikawa
総合研究大学院大学先導科学研究科教授。1957年生。自由学園最高学部卒。上智大学大学院修了、理学博士。専門は神経行動学。横浜市立大学助手、助教授、教授を経て、2006年より現職。動物の感覚世界に興味があり、幼少時からの昆虫好きが高じて、特に昆虫の色覚系について様々な実験手法を駆使して研究している。趣味はフルート演奏とネイチャーフォト。

訳 者
的場知之　Tomoyuki Matoba
翻訳家。東京大学総合文化研究科博士課程中退。訳書に『世界甲虫大図鑑』（共訳）、『世界で一番美しいクラゲの図鑑』『進化心理学を学びたいあなたへ』（共監訳）、『世界を変えた100の化石』ほか。

大英自然史博物館シリーズ 4
動物が見ている世界と進化
2018年9月30日　初版第1刷発行

著　者	スティーヴ・パーカー
監修者	蟻川謙太郎
翻　訳	的場知之
発行者	澤井聖一
発行所	株式会社エクスナレッジ
	〒106-0032　東京都港区六本木7-2-26
	http://www.xknowledge.co.jp/

問合せ先
編集　TEL:03-3403-1381　FAX:03-3403-1345　info@xkowledge.co.jp
販売　TEL:03-3403-1321　FAX:03-3403-1829

無断転載の禁止
本誌掲載記事（本文、図表、イラスト等）を当社および著作権者の承諾なしに無断で転載（翻訳、複写、データベースへの入力、インターネットでの掲載等）することを禁じます。

COLOUR AND VISION by Steve Parker
© The Trustees of the Natural History Museum, London 2016

Colour and Vision was first published in England in 2016 by the Natural History Museum, Cromwell Road, London SW7 5BD.
Copyright©2016 The Natural History Museum
Photography copyright © As per the Picture Credits
This Edition is published by X-Knowledge Co., Ltd. by arrangement with the Natural History Museum, London through Tuttle-Mori Agency, Inc., Tokyo.